科学万花筒

夏国祥／编著

元素的故事

人民邮电出版社

北　京

图书在版编目（CIP）数据

元素的故事 / 夏国祥编著. -- 北京 : 人民邮电出
版社，2016.8
（科学万花筒）
ISBN 978-7-115-42348-1

Ⅰ．①元… Ⅱ．①夏… Ⅲ．①化学元素－普及读物
Ⅳ．①O611-49

中国版本图书馆CIP数据核字(2016)第153980号

◆ 编　著　夏国祥
　　责任编辑　韦　毅
　　责任印制　杨林杰
◆ 人民邮电出版社出版发行　　北京市丰台区成寿寺路11号
　　邮编　100164　电子邮件　315@ptpress.com.cn
　　网址　http://www.ptpress.com.cn
　　北京虎彩文化传播有限公司印刷
◆ 开本：700×1000　1/16
　　印张：7.25　　　　　　　　2016年8月第1版
　　字数：150千字　　　　　　2024年8月北京第30次印刷

定价：29.00元

读者服务热线：(010)81055410　印装质量热线：(010)81055316
反盗版热线：(010)81055315
广告经营许可证：京东市监广登字 20170147 号

认识世界，从元素开始

我们脚下的地球、头上的太阳，乃至夜空中的银河，是由什么组成的呢？我们居住的房屋、乘坐的车辆和飞机、使用的机器、花园里的植物、动物园里的动物，以及我们自身的身体，又是由什么组成的呢？

这些问题主要得由一门叫化学的科学来回答。化学就是研究元素的科学。

虽然说直到近代，也就是最近 200 年，化学研究才发展到从原子和分子的层面去探究物质的构成、性质，但在那之前很久，人类就已经在化学方面有了丰富的认识和实践，实用化学的历史几乎与人类的历史一样长。

人类研究元素的故事挺漫长，但也真有趣。

Contents

目录

火：人类第一个化学发现

人类在地球上的历史大约已有 300 万年。人类很早就认识到了火的存在，例如，被闪电击中燃烧的树木、森林大火、火山喷发等。熊熊燃烧的大火让原始人感到恐惧，但火可以用来照明、取暖、烧烤食物、驱走野兽，这又让他们想驯服这头"怪兽"。正是在这一又爱又怕的过程中，人们有了第一个化学发现——火。古人留下的最早的用火遗迹，是在北京周口店龙骨山的猿人洞发现的，距今约 50 万年。

人类最早利用的火是自然界的野火。用野火要受到自然界种种条件的限制，比如，下雨天就很难找到野火。

后来，经过数十万年的实践，人们发明了摩擦生火的方法。其中，"钻木取火"较为常用。它一般是用一根较硬的木棒作为钻棒，一根软木作为钻木，人用手搓动钻棒，钻棒在软木上飞快钻磨，直到摩擦出火花。

学会了用火，人类就可以用火加工各种东西了，不仅可以吃到容易消化的美味熟食，还相继发明了很多实用的化学工艺。

陶器：最古老的手工艺品

大约在公元前 1.2 万年，人类进入新石器时代。这时除了早先的靠打猎、采集为生外，人类还学会了放养牲畜和种庄稼。相对定居的生活让人类有更多的时间观察周围的世界。

他们逐渐发现黏土经过火烧会变得坚硬耐水，于是就开始有意识地对黏土进行加工——粉碎，加水，调匀，揉捏成型，用火焙烧，制成了最原始的陶器。人们用陶器蒸煮食物，用陶器盛装和保存食物，生活水平大大地提高，体格也变得更强壮了。

陶器在中国有着悠久的历史。公元前 6000 年前，古代中国人就已经学会制陶了。

秦始皇陵
跪射俑

随着时代的发展，人们制作的陶器质量越来越好，有红陶、灰陶、黑陶、刻纹硬陶、白陶等很多种类，后来又发展出了釉陶。在黏土稠浆中加入些许石灰或草木灰等物质后，烧制出的陶器表面光滑明亮，带有所谓的釉层，这种陶器就被称为釉陶。釉陶表面光滑，易于清洗，又能防止渗水，在当时已经是相当高级的工艺品了。

古代伊朗陶罐

古希腊陶花瓶

瓷器：古代中国人的伟大发明

在釉的基础上，再加上其他一些改进的工艺，人们制作出了原始瓷器。

中国是世界上最早制作瓷器的国家。在江西、江苏、安徽等多地的商朝遗址中都发现了完整的原始青瓷器。随着技术的不断改进，到了东汉，终于出现了真正的瓷器，这种青瓷做工精细、外形美观。到了南北朝，出现了白釉瓷器。随后，古代中国人在了解到铁、铜、锰、钴等元素呈色作用的基础上，逐步研制出了烧制多种彩色瓷器的方法。明朝的青花釉下彩瓷器和鲜艳夺目的彩色釉瓷都是艺术上的珍品。清朝康熙年间的素三彩、五彩瓷器，雍正、乾隆时期的粉彩、珐琅彩瓷器更是以其精美闻名中外。

东汉越窑青瓷罐

西晋青釉羊

唐三彩天王俑

明朝万历年间的五彩百鹿尊

清朝康熙年间的五彩山水人物图笔筒

宋朝定窑孩儿枕

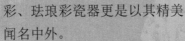

19世纪德国麦森出产的爱神丘比特磨箭头瓷像

18世纪德国麦森出产的瓷壶

早在唐朝，我国的瓷器便通过海上和"丝绸之路"远销到西方。11世纪，我国的制瓷技术传到波斯、阿拉伯、小亚细亚和埃及等地，15世纪传到意大利的威尼斯。在中国制瓷技术的基础上，欧洲的制瓷工业迅速发展了起来。

玻璃：用途广泛的神奇结晶

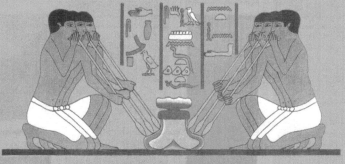

加工玻璃的古埃及人

玻璃的主要成分之一是二氧化硅。公元前3500年，古代美索不达米亚人、埃及人已经会制造玻璃。这可能是他们在制陶的过程中无意间把天然碱与石英砂混合后焙烧的偶然发现。这样制作出来的玻璃是原始的粗制玻璃，几乎全都有颜色，不太透明。后来，人们开始用这种玻璃制作各种装饰品、酒杯和瓶罐等。

吹玻璃

古埃及晚期的玻璃瓶

再往后，造玻璃的技术由埃及传到罗马，罗马人对这种技术进行了改进。他们采用温度更高的熔炉代替烧锅，使原料完全熔化为液态，从而使得成品玻璃的质地更均匀。罗马人还发明了吹管，研究出趁着玻璃熔液没凝固吹制中空玻璃器皿的技术，生产出了透明、美观的玻璃制品。后来，他们还在原料中加入铁、铜等金属元素，制成了彩色玻璃。

各种玻璃制品的出现，不仅更好地满足了人们的生活需求，还为炼金术和药物化学的发展提供了器皿与实验条件。

古罗马玻璃瓶（约2世纪）

古罗马玻璃杯（4世纪中期）

古罗马浮雕玻璃葡萄酒杯
（公元前25—公元25年）

铜：最早被人类利用的金属

好看的孔雀石

人类最早使用铜是在公元前 9000 年前后，最开始用的是天然铜，又称自然铜。在地壳中，铜的含量只有0.007％，但存在着纯度在 99％ 以上的单体自然铜。单体自然铜闪闪发光，极为美丽，惹人喜爱，而且硬度不大，容易加工。

天然铜

但单体自然铜毕竟太少，铜大多以化合物的形态存在于辉铜矿、黄铜矿、赤铜矿以及孔雀石等矿石之中。

古埃及铜猫（公元前 1075 年—公元前 525 年）

人们在制陶的过程中掌握了高温加工技术，就开始摆弄矿石。在高温熔炉里，将矿石熔化，让单质金属和杂质因轻重不同而分离，在熔炉底部收集纯金属，这就是金属冶炼，简称"冶金"。有了冶金术，人们就可以制作金属器皿了。在今天埃及、约旦、以色列等地发现的最古老的铜冶炼遗迹，年代大约是公元前 4500 年。

以色列提姆纳河谷国家公园里的古埃及铜熔炉遗迹

公元前 3000 年左右，炼铜技术传到了印度。

古代中国人的炼铜术是自己发明的还是外来的，现在还有很多争论。不过不管怎样，到公元前 1600 年左右的商朝，古代中国的青铜（铜锡合金）制造业已很发达。古代中国人不仅会用火炼铜，还会湿法炼铜，也就是用铁和硫酸铜溶液反应得到铜。

商朝人面鼎

古罗马青铜少年像

秦始皇陵一号铜马车

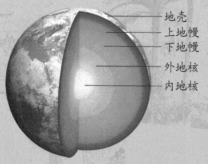

地壳
上地幔
下地幔
外地核
内地核

铁元素在地壳中的含量虽然只占 4.75%，但是在地面以下 3000 千米深处的地心，却有一个铁镍的地核：内含 90% 以上的铁和不到 10% 的镍。

古埃及陨铁珠

人类最早使用的铁是天外飞来的陨铁。古埃及人把铁叫作"天石"，意思是铁是上天赐给人类

陨铁

的神奇石头。在埃及格泽人们发现了用陨铁制成的珠链，年代在公元前 3500 年左右。在苏美尔人的语言中，铁是"天降之火"——陨石的意思。在今天伊拉克境内的乌尔城旧址，曾经挖出过一把古代苏美尔人的小斧头，就是用陨铁做的，年代是公元前 2600 年—公元前 2500 年。

铁矿石在自然界的分布很广，但却不

赫梯人的铁斧

容易被识别；并且，铁的熔点比铜高，炼铜的温度无法将铁还原，所以炼铁技术比炼铜技术出现得晚。

居住在亚美尼亚山地的基兹温达部落在公元前 2000 年时，就发明了一种冶铁的有效方法。公元前 1500 年，小亚细亚的赫梯人掌握了系统的冶铁技术，并利用铁器的技术优势，建立起强大的赫梯帝国。

曾与古埃及人争霸的赫梯人武士

赫梯人的楔形文字铁印章

铁器比青铜坚硬、锋利，提高了人类的生产能力和自卫能力，因而铁逐渐取代了铜，人类社会进入更先进的铁器时代。

早期的冶铁技术，大多采用"固体还原法"，即冶铁时，将铁矿石和木炭一层夹一层地放在炼炉中，点火焙烧，在650摄氏度～1000摄氏度的温度下，利用炭的不完全燃烧产生一氧化碳，使铁矿中的氧化铁被还原成铁。

古人在简易熔炉上炼铁

在中国河北省藁城县的古代遗址中，曾出土过一件公元前1400年的商朝铁刃青铜钺。铁刃也是用陨铁制成的。

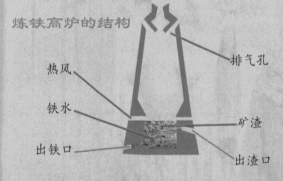

炼铁高炉的结构

热风

铁水

出铁口

排气孔

矿渣

出渣口

藁城出土的
商朝铁刃青铜钺

铁根据含碳量不同，分为生铁和熟铁：生铁含碳多，又脆又硬；熟铁含碳少，稍软又韧。中国是世界上最早冶炼生铁的国家，早在春秋时期（公元前770年—公元前476年），古代中国人就在使用由生铁铸造的农具和兵器，比欧洲早了约1600年。

金是延展性最好的金属。1 克绿豆粒大小的纯金可以拉成 1.4 千米长的金丝，展成 0.6 平方米的金箔。这根金丝只及蜘蛛丝的 1/5 粗细，而这片透明的金箔 20 层叠加起来也比不上蝉翼厚。

古希腊黄金桂冠

古埃及法老图坦卡蒙的木乃伊的面具（公元前 1332 年—公元前 1323 年）

金是人类最早发现的金属之一，古人很早以前就利用金的优异延展性制造装饰品。在公元前 2000 年，埃及人已会镀金、包金、镶金，将金拉成细丝来刺绣。在中国商朝遗址中曾出土了金箔和金叶片。在河南安阳殷墟中出土了厚度为 0.01 毫米的金箔。中国西汉马王堆墓葬中的金缕玉衣上的金丝直径只有 0.14 毫米。

西汉马王堆汉墓中的金缕玉衣

古罗马金币

黄金的贵重还因为它稀少、难开采。金在地壳中的含量只有 $1/(2×10^8)$。开采金矿时，往往为了得到 5 克金，平均要挖掘 1000 吨岩石。虽然自然界里有一些大金块，但是很不容易找到，世界上最大的天然金块是 1872 年在澳大利亚发现的，长 1.5 米，重 286 千克。

世界上最大的天然金块和它的发现者霍尔特曼恩

银：能杀菌的贵金属

在大自然中，银常以纯银的形式存在，人们曾找到过一块重达 13.5 吨的纯银！另外，也有的银以氯化物与硫化物的形式存在，跟含铅、铜、锑、砷等元素的矿石共生在一起。

银被当成价值仅次于金的贵金属。公元前 4000 年前后，爱琴海和小亚细亚附近的居民已经知道怎么分离铅和银。

银可以被碾压成只有 0.0003 毫米厚的透明箔，1 克重的银粒就可以被拉成约 2000 米长的细丝。古埃及人很早就学会了用银做饰物。古埃及的第一位法老美尼斯生活在公元前 3100 年前后，曾将银价定为金的 2/5。

中国古书《禹贡》大约是战国时期的人写的，里面把金银铜叫作"唯金三品"，这说明古代中国人至少在 2000 多年前就已认识了银。

8.8 克拉重的天然银块

古埃及托勒密二世头像银币

古代中国的银梳

古代中国的银元宝

法老美尼斯

古埃及人知道把银片盖在伤口上可以杀菌。中国的蒙古族牧民常用银碗给马奶保鲜。银离子能杀菌，每升水中只要含有 2×10^{-12} 克的银离子，便足以使水里的大多数细菌死亡。现在，医生有时会用银丝织成的银纱布包扎伤口，来医治某些皮肤创伤或难治的溃疡。

装满马奶的银碗

15 世纪 90 年代中欧库特纳霍拉（今捷克境内）银矿开采和加工银的场面

银与金一样，过去只被用作货币与制作装饰品。在现代社会，银在工业上有了 3 项重要的用途：电镀、制镜与摄影。

镀银原理

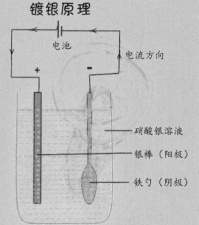

电池
电流方向
硝酸银溶液
银棒（阳极）
铁勺（阴极）

在一些容易锈蚀的金属表面镀上银，可以延长金属的使用寿命，而且美观。玻璃镜银光闪闪，其背面也均匀地镀着一层银。热水瓶胆也银光闪闪，同样是因为镀了银。

照相纸、胶卷上涂的感光剂都是银的化合物——氯化银或溴化银。这些银的化合物对光很敏感，一见

3200 毫升　　2500 毫升　　2000 毫升

热水瓶胆

光就马上分解：光线强的地方分解得多，光线弱的地方分解得少；分解得多的地方颜色较深，分解得少的地方颜色较浅。这样，就把影像留在了照相纸或胶卷上。如今，全世界每年用于电影与摄影事业的银已达 150 吨。

铅：挺有用但也很危险

古埃及不分男女都爱使用的
含铅眼影墨

早在公元前 3000 年左右，人类就发现了铅，在纪元前成书的《圣经》中几次讲到了铅。在古埃及，铅被用来给陶瓷上釉、制作饰品、铸造货币。一些含铅的化合物还被用于制作化妆品。在中国新石器时代晚期就有一些铜制工具和装饰品中含有铅。

希腊人也知道铅，曾用铅铸币，但没有古罗马

人用得那么多。古罗马人喜欢用铅制的输水管引水，用铅皮铺屋顶，用铅制的器皿贮存糖浆和果酒、烹调食物，用铅造币，用铅焊接东西。贵族妇女尤其喜欢用含铅的化妆品来打扮。他们不知道铅有毒，结果很多人铅中毒。一些学者甚至把古罗马帝国的衰落也归罪于铅。铅中毒会造成人体质衰弱、精神异常，造成女人不能生育或者容易流产，而那些侥幸被生下来小孩也很容易病死。

铅在地壳中的含量不高，只有 0.0016%。人们熟悉铅，是因为铅容易富集形成硫化铅等矿物，而且容易冶炼，使用广泛。铅是在工业中应用广泛、价格便宜的金属，不硬而且容易加工成各种形状，可以轧成极薄的铅箔。

古罗马铅镜（公元 200 年—400 年）

电解铅

公元前 4 世纪的
古罗马铅皮水箱残片

由于纯锌沸点低，受热后很容易变成蒸气跑掉，古人一开始不会炼锌，都是用铜锌合金，也就是黄铜。把铜块和木炭、含碳酸锌的炉甘石一起烧，最后就能得到黄铜。黄铜黄灿灿的，看起来像金子，古人常用黄铜冒充黄金制作装饰品，或作为货币。

古希腊人在公元前 7 世纪、古罗马人在大约公元 30 年的时候学会了炼黄铜。罗马人一般用黄铜制造武器或者造钱币。古代中国人是在公元前 1 世纪的汉朝初期学会的这种技术。

古罗马黄铜币

古希腊黄铜罐

古罗马镶嵌黄铜的青铜盔

马格拉夫

14 世纪时，印度人最先学会了提炼纯锌的技术。在出版于 1637 年的中国明朝古书《天工开物》里，有中国历史上最早的炼锌技术文献。古代中国人的炼锌方法是把炉甘石放在密封容器里用煤闷烧。在欧洲，德国人马格拉夫直到 1746 年才发明了炼锌的方法。

锌的化学性质比铁活泼。当锌和铁共存于水溶液里时，比较活泼的锌容易失去电子被氧化，变成锌离子，附着在铁的表面，保护铁不受腐蚀。利用这个原理，人们在水闸、水下钢柱、船舰的尾部、船锚和锅炉内壁钢铁表面附着一层锌，让其充当钢铁的防锈卫士。

明朝永乐年间黄铜鎏金佛祖释迦牟尼像

汞：常温下唯一的液态金属

汞，俗称水银。人类很早就知道朱砂（即硫化汞矿石），并掌握了用朱砂提取汞的方法。早在公元前1500年，古埃及人就知道用朱砂做红色颜料。

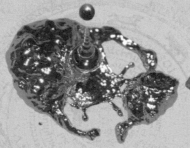

液态的汞

天然朱砂矿石

计算机模拟的秦陵地宫景象，里面有汞做成的江河湖海

公元前1000年左右的中国殷墟遗迹中，出土过涂有红色朱砂的甲骨。秦朝人曾经在秦始皇陵中倾倒大量汞做成江河湖海。

汞可以溶解多种金属，金属的汞溶液叫汞齐。把液态的金汞齐抹在需要镀金的物体上，等到汞蒸发掉以后，就会把一薄层金留在物体表面。

古代东西方的术士们都对汞特别感兴趣。西方的炼金术士认为汞是一切金属的共同性——金属性的化身，所以觉得能用汞炼出金子来。中国的炼丹术士则觉得能用汞炼出吃了可以让人长生不老的仙丹。

汞是在常温、常压下唯一以液态存在的金属。常温下蒸发出汞蒸气，汞蒸气有剧毒。汞温度计在使用过程中是有一定危险的，万一破碎，要尽快把漏出来的汞清理掉。

用金汞齐镀金的普贤菩萨像

欧洲炼金术士的实验室

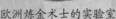

锡石

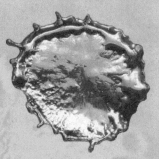

液态锡

在自然界中，很少有纯净的金属锡。炼锡比炼铜、炼铁、炼铝都容易，只要把含二氧化锡的锡石与木炭放在一起烧，木炭便会把锡从锡石中还原出来。

人类最早发现和使用锡的历史，可以追溯到公元前3000年前。在埃及古墓中，也发现有锡制的日用品。中国在商朝就已经能冶炼锡，并能将锡和铅分辨开。

古人除了使用锡制作一些锡器，主要是用锡制造铜锡合金，也就是青铜。锡可以让铜变得更硬，而且更容易熔化，更容易铸造成形。

锡水罐

在法国出土的
公元前1500年—公元前1300年
的青铜矛

公元2世纪和3世纪东欧萨尔玛提亚
人的青铜镜，面上有很多锡

锡的熔点很低，只有232摄氏度，常用作焊接材料。锡的缺点是有时会发生"锡瘟"。在1912年，英国探险家斯科特带了包括液体燃料在内的很多吃穿用的东西去南极探险，后来却被发现冻死了。带了超多的液体燃料为什么还会被冻死呢？原来那些盛液体燃料的铁筒都是用锡焊的，关键时刻锡都化成了灰土，燃料流得干干净净。

事实上，普通的白锡在13摄氏度以下时，结构会发生变化，变成粉末状的灰锡。如果温度急剧降低，白锡甚至会在一夜之间就化为灰色粉末。

斯科特

酿造：造出让人疯狂的饮料

猿人无意中吃到了含有酒精的腐败水果并喜欢上了它的味道

在自然界中，含有糖的物质，特别是水果、动物乳汁等含糖丰富的物质，容易在微生物的作用下生成酒精。不过，严格说来，这些含酒精的野果和乳汁并不算真正的酒。人们将谷类、水果等按一定工艺酿成酒后才真正实现了酒的批量生产。显然，真正的酿酒工艺只有在人类进入以农业为主的社会以后才会出现。

在中国河南贾湖遗址，出土过公元前 7000 年—公元前 5600 年的陶罐，里面有一些残余的酒类沉淀物，说明当时人们已经会酿酒了。

古埃及人采摘葡萄、酿造葡萄酒的场面

古希腊迈锡尼文明的金葡萄酒杯

美国酒，据说是用贾湖遗址出土的古酒配方酿造的！

古希腊葡萄酒瓮

原材料不同、酿造方法不同，酿造出来的酒就会不同。古代中国人经常饮用的酒主要是以大米、小米、粟米等谷物为原料制成的黄酒。蒸馏酒也叫火酒或烧酒，是在黄酒的酿造工艺基础上发展起来的，现在人们习惯称它们为白酒。在欧洲和中东，古人更多地喝用葡萄酿造的葡萄酒和用大麦酿造的啤酒。

人们在酿酒的同时，也依据相似的工艺和原理，酿造出了醋、酱油等调料。

染色：让人们的衣服更好看

染色是把纺织品放在染料溶液里，使染料和纺织品纤维发生化学反应，或黏结在一起，或在纤维上生成不溶于水的有色物质的工艺。

染色技术最早在新石器时代就出现了。在埃及、印度、波斯、巴比伦等文明古国，也很早就出现了染色技术。生活在今天的黎巴嫩、叙利亚沿海一带的古人从一种海螺里提取出了紫红色染料，后因贩卖紫红色染料而得名"腓尼基人"——"腓尼基"的意思是"紫红色染料"。

15世纪时欧洲人给布料染色

马蓝、槐蓝、藏红花和茜草是古人比较常用的植物染料来源。茜草和藏红花都能提炼出红色染料。中世纪，印度人用马蓝叶提取蓝靛的技术传入欧洲。

地中海染料骨螺

在中国商朝，养蚕缫丝业已经相当发达。到了周朝，纺织品的染色技术随之发展起来。当时的染色工艺已经有了大致的流程，分为煮、暴、染几个步骤。人们用青、黄、赤、白、黑5种颜色的染料染丝帛，制成不同颜色的衣服，用来区别人的身份等级。1972年，从长沙马王堆一号汉墓出土的一匹彩帛，表明当时中国人的染色技术已经达到很高的水平。

马王堆汉墓出土的彩帛

马蓝　　　　　槐蓝　　　　　藏红花

茜草

宋朝镶金漆盒

漆器：由古代中国人第一个发明

中国是最早发明漆器的国家。漆器最早出现于上古虞夏时代。据说舜帝有一次想做几个漆器，却受到手下人的一致阻拦。可见当时漆器算是一种奢侈品。

人们对漆树的汁液进行一定的处理后，将其涂在物体表面，等汁液干后，就会形成一层薄膜，这就是漆膜。这层漆膜对物体有防腐保护的作用。

漆树

传统取漆方法

到了春秋时期，人们已经初步认识到了漆膜的作用，开始有意识地栽植漆树。人们还发现，将桐油与漆混合，能够增强漆的亮度。同时，人们还用油彩（桐油和朱砂、雄黄、雌黄等矿物颜料混合制成）在漆器上绘制花纹。长沙马王堆汉墓中出土了很多漆器，至今仍完好如新。

马王堆汉墓出土的漆器

中国的漆器早在汉代就传入了亚洲的其他一些国家。17世纪，漆又传入欧洲，随后，制造漆器的技术也传到了国外。

日本漆器匣

明朝漆罐

17世纪和18世纪间南美克丘亚人的漆杯

造纸：造出方便省钱的写字材料

造纸术是中国古代的四大发明之一，后来通过"丝绸之路"传到了西方。在造纸术传入前，中国以外国家的人们使用过各种材料写字，比如泥板、羊皮、纺织物、树皮、木板、树叶等。其中最类似纸的要算古埃及人用类似芦苇的莎草茎做的莎草纸，不过其产量很小，所以也挺贵的。

古埃及莎草纸画

在春秋时期以前，古代中国人记录事情多用兽骨、龟甲和铜器。到了秦汉时期，又改用竹简、木简或纺织品。简的缺点是占地方，丝帛等纺织品又太贵。

马王堆汉墓帛书《老子》

睡虎地秦简

造蔡纸伦

为了找到便宜又好用的写字材料，不断地有人做实验。1933年，考古学家发现了公元前1世纪的西汉麻纸。但麻纸比较粗糙，在上面写字还是很不方便。2世纪时，东汉宦官蔡伦终于发明出了真正的纸。蔡伦纸是用碎麻、破布和渔网等废旧材料制成的，便宜而且耐用。造纸术的本质是人类学会了一种提取纤维素高分子的化学方法。

蔡伦造纸工艺流程图

浸湿原料　　切碎　　洗涤　　浸灰水

打浆　　洗涤　　春捣　　蒸煮

抄纸　　晒干　　揭下压平

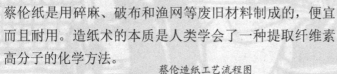

天水放马滩汉墓中麻纸地图残片

火药：骑士时代的终结者

在1000多年前的隋唐时期，古代中国人第一个发明了火药。最早的火药是黑色的，又叫黑火药，主要是由硝酸钾、硫黄、木炭三者混合而成的。俗话说的"一硝二磺三木炭"，指的就是火药的简单配方。

火药是古代炼丹的人炼仙丹时偶然发明的。火药和组成火药的硝石、硫黄在古代都被当过药物使用，再加上火药遇火就燃烧，所以它才被叫作"火药"。

在燃烧过程中，火药释放出的气体体积会增大至火药体积的2000倍，所以，要是火药被封在密闭容器中燃烧就会发出"砰"的一声。

唐末宋初，火药开始被用在战争中。开始，古人把火药包绑在箭头上射出去，使得火箭的杀伤力大大增强。后来人们又利用火药的爆炸性能，发明了鞭炮、地雷、火药枪、大炮。鞭炮炸不死人，但是可以用来吓唬马，在古代也被当作武器使用过。

近代轮船用大炮

使用火铳的明朝士兵

后来，火药经印度、阿拉伯传入欧洲。欧洲人用火药发明了威力巨大的现代枪械、火炮。火药武器在欧洲人推翻封建骑士蛮横统治的过程中发挥了很大的作用。

16世纪欧洲的黑火药作坊

中世纪末期的西班牙火枪手

古人的元素观

商王汤

古人在长期的生产和生活中，逐渐形成了物质是由某种本原物质组成的想法。

根据古书《尚书·洪范》里的记载，在公元前17世纪—公元前11世纪时的商朝，古代中国人认为世界是由木、火、土、金、水五行组成的，五行相克相生，促成万物的运动变化。

公元前10世纪，印度顺世论学派的哲学家提出了世界是由地、水、火、风、空气五大元素构成的观点。

在古代西方，有关世界本原的最著名的学说，是公元前4世纪的古希腊哲学家亚里士多德提出的。他认为水、气、土、火是四大基本元素，它们按照不同的比例混合，就构成具有冷、热、干、湿不同性质的万物。亚里士多德还认为存在着一种能让前4种元素具有各自性质的物质，也就是"第五种元素"。亚里士多德的学说对后来中世纪西方的炼金术产生了很大影响。

德谟克利特

公元前5世纪—公元前4世纪的古希腊哲学家德谟克利特在古代世界第一个提出了原子论。他认为物质是由分到一定程度就不能再分的小颗粒组成的，这些小颗粒就是原子。

亚里士多德

相生 金

土

水

相克

火

木

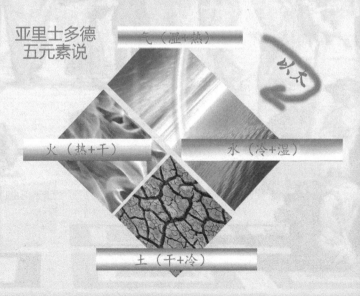

亚里士多德五元素说

气（湿+热）

火（热+干）

水（冷+湿）

土（干+冷）

炼丹术：据说能造仙药

炼丹术最早出现于中国。中国古时便有吃仙药"成仙"的神话流传。到了战国时期，长生不老的追求在医师、方士和帝王将相之间非常流行，齐威王、齐宣王都曾命人找过仙药。

秦始皇统一中国后，有一阵子也非常热衷于长生不老术，曾经派徐福带着3000童男童女去海外寻找仙药。结果据说徐福找不到仙药，怕被杀头，就留在了日本。

日本青森县徐福公园的
徐福像

秦始皇遣徐福东渡日本群雕

到汉朝，汉武帝深信吃仙药可以长生不老，又派人到处找仙药。当时人们认为吃黄金和珍珠可以长生不老。方士便用丹砂混合其他东西炼成看似黄金的东西，作为仙药给汉武帝吃。

汉顺帝时，方士张道陵创建了道教，从此炼丹与道教的关系变得密不可分。炼丹师里学问最大的是东晋人葛洪，他写的最知名的书是《抱朴子》。

方士们炼出的黄金都是假货。不过，他们在炼丹时学会了制造玻璃，用玻璃冒充玉和珍珠骗钱，无意中促进了玻璃制造技术的发展。此外，方士们为炼丹做了大量的实验，积累了很多化学知识，对化学、医学的发展做出了一定的贡献。

葛洪炼丹

张天师炼丹

明朝万历年间的
陨铁炼丹炉

炼金术：炼金不成，搞出化学

和炼丹术不同，炼金术的目标主要是想炼黄金、白银发财，而且主要在欧洲和中东流行。炼金术士认为，汞是一切金属的本原，所有的可燃物中都含有硫，不同金属的区别在于汞、硫的比例不同。他们企图寻找一种被称为"以太"的东西来清除掉普通金属中的"下贱成分"，使普通金属转化为金、银。

希腊罗马时代以后，炼金术首先在中东地区的阿拉伯人中火了起来。八九世纪间的阿拉伯科学家贾比尔·伊本·哈扬是第一个提炼出酒精用于消毒，并发现硫酸、硝酸的人，曾被称为"化学之父"。

贾比尔在给学生上课

后来，炼金术在11到12世纪传入欧洲，受到欧洲贵族等上流社会人士的热捧。比如，英王亨利六世养的炼金术士多达3000余人，都可以组成一个步兵师了。欧洲炼金家中最著名的是牛顿，据说牛顿拼命钻研科学有相当一部分目的是为了炼黄金，结果他发现的科学原理却反过来证明炼金术的荒唐。为此有人叫牛顿"最后的炼金术士"。

炼金活动浪费了大量的人力、物力、财力，但也慢慢促进了化学的发展。"Chemistry"（化学）这个词就是从"Alchemy"（炼金术）演变过来的。

牛顿在研究炼金术

炼金术士的实验室

亨利六世

医药化学：炼金术走向实用

荷恩海姆

李巴维

海尔蒙特

进入文艺复兴时期后，一些聪明点儿的炼金术士从炼金梦中醒过来，改用炼金术中应用的化学方法来治病、制药。16世纪的瑞士炼金术士、医生冯·荷恩海姆（别名帕拉塞斯）就是这样的一个聪明人。他还扩展了炼金术的概念，认为炼金术是把天然材料做成对人有用物品的科学。荷恩海姆大胆使用汞、锑等金属给人治病，治好一些人的同时也治死不少人。

李巴维在实验室工作场景的再现

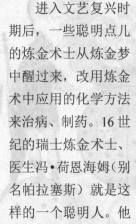

李时珍

生活时代比荷恩海姆晚一些的德国炼金术士和医生李巴维的最大成就是写了一本叫《炼金术》的书，这是有史以来第一本化学课本，几乎囊括了李巴维以前的所有化学科学成果。

跟李巴维同时代的比利时人海尔蒙特用分析质量增减的方法证明火和土不能算是元素，空气和水才是真正的元素。他的观点现在看来是很粗糙的，但当时可是一大进步。海尔蒙特还造出了"Gas"（气体）这个词。

炼丹术在中国也经历了类似欧洲炼金术的发展，比如明朝李时珍的《本草纲目》就有很多从炼丹书里搜集的讲药物性质、制法的内容。

海尔蒙特的实验

花盆和土：90千克
柳树：2.25千克

盖子

雨水

6年后

5年间只浇人工收集的雨水

花盆和土：89.9千克　植物重量：76.1千克

连落叶也收集起来称重

结论：土的质量基本未变，柳树增加的质量73.75千克来自于水和空气。

冶金化学：炼金不成，改炼金属

16世纪，欧洲化学的另一个发展方向是冶金化学。当时，欧洲各国的工商业十分繁荣，各国都拼命发展冶金业，用来制造各种生产、生活用具，以及打仗的武器。

冶金化学的代表人物是阿格里柯拉。他在《论金属》中对欧洲有史以来的矿业技术进行了全面的总结。他在书里记录了很多矿工们的实践经验和观察到的知识，整理出了金、银、铜、铁、锡、铅等金属的冶炼、提纯和分离的工艺流程。这本书在欧洲影响深远，使得一些炼金术士放弃"点石成金"的白日梦，转而研究用于科学生产的冶金化学。

阿格里柯拉

《论金属》中描绘的采矿场景

《论金属》中描绘的铁匠铺

《天工开物》中描绘的熬制纸浆场面

宋应星

16和17世纪，中国的炼钢、炼铁等矿冶技术以及制盐、造纸和制瓷器、玻璃等的化学工艺也有了很大的发展。明朝著名的科学家宋应星在他的著作《天工开物》中，图文并茂地对当时的这些科学技术成果进行了系统的记录和总结，内容包括染色、制盐、制糖、陶瓷、造纸、五金冶炼、兵器等很多方面，包含着丰富的化学知识。

17世纪，《天工开物》传入日本，18世纪又传入欧洲，被译成很多国家的文字，广为流传。

《天工开物》中描绘的炼铁场景

波义耳创立化学学科

17世纪的英国科学家罗伯特·波义耳是科学的元素概念的提出者。在《怀疑派化学家》中，他提出了"什么样的物质是元素"的问题。他认为古人所说的金木水火土，以及以太之类的东西，都不是真正的元素，把物质无限分解后得到的最终产物才是真正的元素。"元素说"的诞生是一件大事儿，标志着化学作为独立学科出现了。

波义耳是个有钱人，在伦敦有很大的实验室，还有好几个助手帮他干活。在波义耳之前的化学，并不重视严谨的实验，因此算不上真正科学的化学。从这个意义上来说，特别重视实验的波义耳是"科学化学"的老祖宗。通过实验，他提出了著名的波义耳定律：一定量的气体在一定温度下，气体的压强 P 和体积 V 的乘积是一定的，即 $PV=K$。

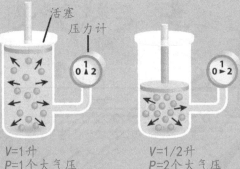

$V=1$升
$P=1$个大气压

$V=1/2$升
$P=2$个大气压

波义耳还提出，研究化学并不应该只为制药卖钱，而应面向更广阔的天地，发明对人类有深远影响的东西。他的这个说法吓跑了很多财迷，却为化学的发展指明了方向。恩格斯赞美波义耳说："波义耳把化学确立为科学"。

波义耳在家附近的一家咖啡馆组建的
化学俱乐部

贝歇尔和斯塔尔提出燃素说

17世纪下半叶，冶金、烧石灰、制陶等跟燃烧有关的行业得到了很大发展，科学家们开始试着研究燃烧到底是怎么回事儿。燃素说的提出者是德国化学家兼医生贝歇尔。

斯塔尔　　　　贝歇尔

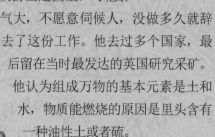

贝歇尔特别好学，他完全靠自学掌握了医学和化学知识，当上了教授。他还给一个德国侯爵当过医生。可他脾气大，不愿意伺候人，没做多久就辞去了这份工作。他去过多个国家，最后留在当时最发达的英国研究采矿。

他认为组成万物的基本元素是土和水，物质能燃烧的原因是里头含有一种油性土或者硫。

贝歇尔的德国学生斯塔尔也是大学教授和医生，他给普鲁士国王当过医生。他把他老师的书都整理出版了，还完善了老师的燃素说。斯塔尔认为，可燃元素是某种细微的气体。这种气体在物体燃烧的过程中从物体中"逃"出来，与空气结合，形成火。燃素散到空气中后，无法与空气分开。只有植物才能吸收空气中的燃素，动物食用了植物，燃素就可以进入动物体内。

燃素说离真相显然还有一定距离，不过它给后来的科学家指明了研究的方向。

斯塔尔在他的实验室里

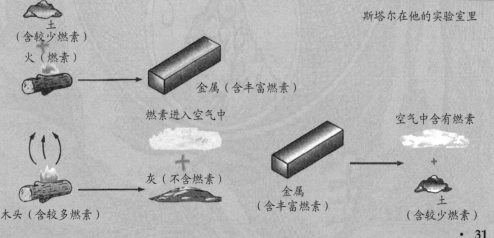

土
（含较少燃素）

火（燃素）

金属（含丰富燃素）

燃素进入空气中

空气中含有燃素

灰（不含燃素）

金属
（含丰富燃素）

土
（含较少燃素）

木头（含较多燃素）

探索气体的奥秘

18世纪下半叶，化学家们热衷于研究气体。英国医生布莱克是有史以来第一位气体化学家。布莱克发现石灰石（碳酸钙）受热会变成生石灰，同时产生一种气体。当这种气体通过原来的生石灰水溶液时，水里会产生石灰石沉淀。这种气体比普通空气密度大，不支持燃烧，也不支持动物呼吸，被布莱克命名为"固定气体"，也就是二氧化碳。

英国科学家卡文迪许据说是当时最有钱的科学家，也是一个超级学霸，完全靠自学成才。他不修边幅，不习惯跟人交际，连媳妇都不娶。他的重要成就是首先发现了氢气、惰性气体、水和硝酸的组成，以及二氧化碳和水的关系。

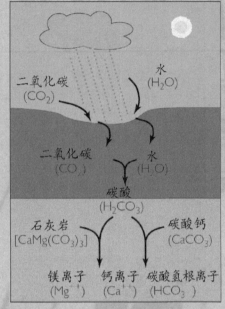

布莱克　　　　　　卡文迪许　　　　　　卢瑟福

卡文迪许还是第一个发现氮气的人，但他懒得自我炒作，没有发表自己的成果。当时的人们就都以为是布莱克的学生卢瑟福第一个发现的氮气。

瑞典化学家舍勒跟卡文迪许同时代，在财富方面正好跟卡文迪许相反。舍勒很穷，他一生的大部分时间都在药房打工，可是他跟卡文迪许一样特别勤奋，靠自学掌握了大量化学和药学方面的知识。当时的著名化学家贝格曼是舍勒的朋友，给了舍勒很多理论和实验方法上的帮助。由于舍勒没受过正规的科学教育，不受条条框框约束，他做出了很多重要的科学发现，比如第一个造出氧气、发现钨酸和甘油等。

舍勒

贝格曼

舍勒在药房抽空搞研究

舍勒制备了一种由硫酸钾和硫熔合成的肝脏色物质硫肝，把硫肝放进水槽中有空气的烧瓶中，硫肝吸走了烧瓶中的一部分气体（实际上是氧气）。在剩下的气体中，无法点燃物质。由此舍勒得出结论：被硫肝吸走的那种气体支持燃烧，剩下的气体则妨碍燃烧，空气就由这两种气体组成。舍勒把支持燃烧的那一部分气体叫作"火空气"，"火空气"就是我们现在说的氧气。

后来，舍勒又研究出了制造"火空气"的方法，他会用硝石、氧化汞、二氧化锰等好几种物质造氧气。当时还没有气球之类的东西可以利用，他就把猪膀胱绑在输出导管上装氧气。

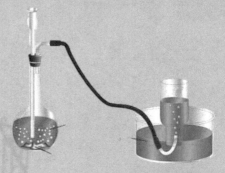

舍勒制造"火空气"

普利斯特里

英国人普利斯特里是个牧师，信仰上帝，却有空就钻研化学。他还把老鼠和植物密闭在一起，证明了空气是由可以用于呼吸、燃烧和不能用于呼吸、燃烧的成分构成的，比舍勒稍晚一点儿发现氧气。他的最大贡献是改进了用于搜集气体的水槽，所以被称为"水槽化学之父"。

在密封的玻璃罩中蜡烛很快熄灭

在有植物的玻璃罩中蜡烛可以持续燃烧

在密封的玻璃罩中老鼠很快就死了

在有植物的玻璃罩中老鼠始终活蹦乱跳

拉瓦锡提出氧化学说

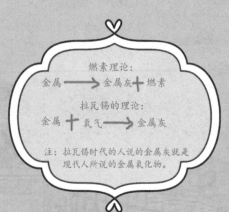

燃素理论：

金属 —→ 金属灰 ✚ 燃素

拉瓦锡的理论：

金属 ✚ 氧气 —→ 金属灰

注：拉瓦锡时代的人说的金属灰就是现代人所说的金属氧化物。

法国科学家拉瓦锡在 25 岁时就当上了科学院院士，另外还在政府部门当官。他的主要贡献是用氧化学说解释了燃烧现象。

拉瓦锡和他的夫人

1777 年，拉瓦锡做了汞的燃烧实验。一定量的汞放在密闭曲颈瓶中燃烧后，变成了红色粉末状的物质。该粉末比汞被烧前要重。但是，把曲颈瓶放到天平上称重，却发现实验前后瓶子加上里头东西的整体质量并没有变化。显然，燃烧时，汞跟空气中的一部分气体发生反应，结合到了一起。对红色粉末进行加热还原，它就又变回汞，并释放出一些气体。释放出的气体体积正好与之前被吸收的气体体积相等。

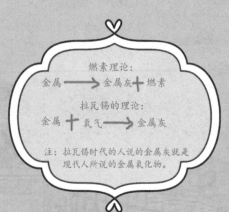

拉瓦锡

拉瓦锡由此得出结论，空气是由不同气体混合而成的，其中一部分可以帮助物质燃烧，同时

拉瓦锡用制造的氧气做呼吸实验

最适宜于呼吸。他把这部分气体命名为"oxygen"，也就是"氧气"。拉瓦锡还指出，物质的燃烧过程，实际上就是同氧气结合，发生氧化反应的过程。

法国人革命期间，拉瓦锡因为曾在政府部门当过官，被推上了断头台。传说临死前，他还和刽子手约定，头被砍下后，如可以会尽可能地眨眼，好搞清人头被砍下后是否还有感觉。拉瓦锡一共眨了 15 次眼，这是他最后的科学研究。

罗蒙诺索夫发现质量守恒定律

18世纪的俄国科学家罗蒙诺索夫是个全才，不仅搞科学，还会写诗，是俄国科学院第一个俄国人院士，他一手创办了俄国的第一个化学实验室和莫斯科大学，被称为"俄国科学领域的彼得大帝"。

罗蒙诺索夫是个穷苦渔民的儿子，从小就特别爱学习。当时俄国的很多学校只有贵族和有钱人家的孩子才能进，为了学到更多的知识，他就冒充贵族家的孩子，混进了莫斯科的一所学校，由于十分用功，成绩太好，后来又被送到德国的大学学习。

罗蒙诺索夫反对燃素说，为了证明自己的观点，他做了一个在密闭玻璃瓶中煅烧金属屑的实验。根据燃素说，燃素在这种情况下会离开金属屑，进入玻璃瓶。结果却是，玻璃瓶质量不变，金属屑被煅烧后却比以前更重了。他推断，质量增加是金属同玻璃瓶内的空气化合的结果。

罗蒙诺索夫

俄国女皇叶卡捷琳娜参观罗蒙诺索夫的实验室

罗蒙诺索夫证明了燃素并不存在，又进一步概括出了质量守恒定律：参与化学反应的物质的质量总和等于反应后生成的物质质量总和。他发现这个定律是在1756年，比后来用更精密实验证明这个定律的拉瓦锡早18年。

质量守恒定律

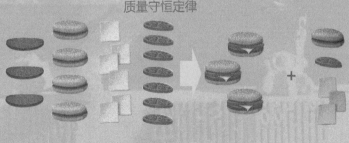

李希特发现当量定律

1766 年，卡文迪许发现，要中和一定量的酸，使用的碱种类不同，需要的量也就不同。他把中和一定量的酸所需的碱的质量称为当量。1788 年，他又发现，中和一定量的钾碱时所需要的硫酸和硝酸质量之比，跟中和大理石所需的硫酸和硝酸质量之比是相同的。这一发现已经很接近当量定律，只不过卡文迪许没有把自己的发现概括为规律。

真正明确提出当量定律的是德国化学家本杰明·李希特。1791 年，李希特根据对自己做过的酸碱中和反应实验的研究提出：元素的性质是保持不变的，发生化合反应时，一种元素跟另一种元素完全反应时，两者的比例总是固定的。这就是当量定律。

李希特

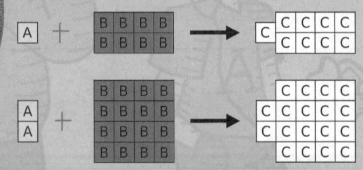

当量定律

不过，李希特的文笔太差，他虽然把自己的发现写成书出版了，但是没几个人能看得明白。1802 年德国化学家恩斯特·费歇尔在自己的文章里重新把当量定律概括总结了一番，还把李希特编制的物质化学反应当量表改得更准确了一些，大家这才明白了当量定律的真正价值。

恩斯特

普鲁斯特发现定组成定律

每种化合物都由特定的几种元素固定搭配而成。在化学反应中，反应物和生成物之间存在一定的质量比例关系。例如，每个二氧化碳分子总是含有一个碳原子、两个氧原子，所以，二氧化碳中碳总是占总质量的27%，氧占73%。

二氧化碳分子模型

18世纪的大多数化学家都或多或少地意识到了这一规律，但是并没有明确地表述出来。1799年，法国化学家约瑟夫·普鲁斯特连续发表了十几篇论文，专门论述定组成定律。他指出："化合物就是造物主指定了固定比例的物质。"

可是，当时的法国著名化学家贝托莱不同意他的观点。贝托莱认为"物质可以与有相互亲和力的另一物质以任意比例形成化合物"，例如溶液、合金和玻璃灯等。两个人为这个打了8年的嘴仗，在化学界造成了广泛的影响。

最终，普鲁斯特对化合物和混合物做了区分。他指出，溶液、合金等是混合物而非化合物，以此成功地驳倒了贝托莱的观点。从此，定组成定律在化学界站稳了脚跟。

李希特发现当量定律时，就推断过可能存在原子。到普鲁斯特的定组成定律被大家认可，原子的存在就更是板上钉钉的事儿了。这两个定律并不能直接证明原子的存在，但要是原子不存在的话，实在没法解释这两个定律是为什么成立的。

普鲁斯特

贝托莱

戴维用电解法提炼元素

戴维

拉姆福德伯爵

说到利用电，在近代早期的化学家里，英国人戴维是最有成就的一个。戴维很小的时候，父亲就去世了，母亲带着他和另外4个兄弟姐妹过日子。家里很穷，所以他还没成年，就被送去药房干活。工作之余，他勤奋地自学科学知识，慢慢地竟然成了一个专家。戴维在发现笑气（一氧化二氮）的麻醉作用后，开始引起人们的注意。

1801年，年轻帅气、潇洒健谈而且对科学研究得很明白的戴维，被拉姆福德伯爵相中，请到英国皇家研究院做教授。戴维擅长在讲座上做演示实验、演讲，很快他就成了上流社会的宠儿。在科学研究方面，他也进入了事业的高峰。

戴维和拉姆福德伯爵展示笑气的威力

当时其他科学家已经发现电可以把水分解成氢气和氧气。戴维受到启发，开始思考能否用电分解其他物质。很快，他从一些化合物中电解出了钾、钠、钡、镁、钙、锶等多种元素，成了

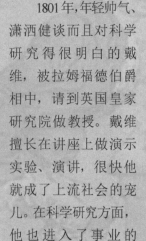

历史上发现元素最多的人。为了提炼钾和钠，戴维甚至被炸瞎了一只眼睛。

因为对科学的发展贡献巨大，戴维在1812年被英国国王封为爵士，甚至当时还在跟英国打仗的法国皇帝拿破仑都给戴维颁发了奖章。

道尔顿

道尔顿提出原子理论

英国科学家约翰·道尔顿是工人家的穷孩子，没正式上过学。14岁时他开始在乡村学校当助手，慢慢地自己也熬成了老师，并在业余时间做研究。

普鲁斯特在研究定组成定律时发现，两种元素可以用多种比例发生化合反应，但参加反应的各元素的质量总是成整数比。例如，氧和氮充分反应时，生成的一氧化氮（NO）、一氧化二氮（N$_2$O）、二氧化氮（NO$_2$）中的氧和氮质量之比都是整数。

道尔顿对这种现象产生了兴趣，分析了好多同类案例后，他认识到：当两种元素化合成化合物时，两种元素的质量比总是保持简单的整数比，在生成两种以上化合物时也是如此。这就是所谓的倍比定律。他由此进一步意识到，参加反应的元素的成倍比关系，可能是因为物质是由单个的微小颗粒也就是原子组成的。在这个假想的基础上，道尔顿提出了一整套原子理论。

相比德谟克利特的原子论，道尔顿指出不同种原子质量是不同的。道尔顿是第一个尝试测定原子量的科学家，他提出用相对比较的办法求取各元素的原子量，并编制发表了第一张原子量表。

道尔顿的原子量表

1804 年 8 月 2 日，盖－吕萨克和物理学家毕奥一起乘坐热气球，升上 5800 米的高空，进行空气测量和实验

盖－吕萨克发现气体反应体积定律

法国科学家盖－吕萨克出生于法国大革命中期，童年时期没受过正规教育。直到 19 岁时，他才进入巴黎工业学校学习。曾经跟普鲁斯特打嘴仗，争论定组成定律是否成立的化学家贝托莱是那所学校的教授。贝托莱发现盖－吕萨克既勤奋又聪明，就把他选作自己的助手。30 岁左右时，盖－吕萨克自己也成了一名科学家。

盖-吕萨克铜像

盖－吕萨克的最大贡献是发现了气体反应体积定律。他首先注意到氢、氧化合成水时，氢与氧之间的体积比是简单的整数比 2：1。然后又发现其他许多气体在化学反应过程中，反应前后的体积存在简单的整数比关系。例如，1 体积氮气和 3 体积氢气生成 2 体积氨气。根据这些现象，盖－吕萨克提出：不同种气体在发生化合反应时，常以简单的整数比相结合。这就是气体反应体积定律，这个定律也从侧面证明了道尔顿的原子理论。

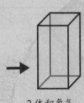

3 体积氢气

2 体积氨气

1 体积氮气

盖－吕萨克还发现了气体膨胀定律，也叫盖-吕萨克定律：一定质量气体的体积，在压力不变的情况下，跟温度成正比。

盖－吕萨克定律

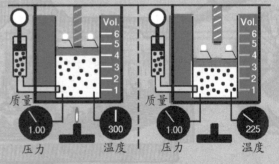

质量 1.00　压力　温度 300　　质量 1.00　压力　温度 225

盖－吕萨克

阿伏伽德罗提出分子学说

阿伏伽德罗

阿伏伽德罗是意大利物理学家、化学家。盖－吕萨克提出气体反应体积定律之后不久，人们就发现了这一定律与道尔顿的原子学说存在矛盾的地方，但怎么想都想不明白。阿伏伽德罗一心想解开这个谜团。他注意到道尔顿的理论并不严谨：道尔顿一面说原子是不可分割的最小单位，另一面又说化合物的原子是包含不同原子的复杂原子，这不是自相矛盾吗？这种复杂原子并不是最小单位，仍然是可以分割的吗？

于是，阿伏伽德罗引进了分子的概念，推出了分子学说：分子由原子组成，单质分子由相同元素的原子组成；化合物的分子则由不同元素的原子组成；不同物质的原子重新组合形成新的分子，这就是化学变化。

同时，他还对盖－吕萨克定律做出了修正。气体的体积与它们的分子数目之间存在着简单的比例关系。因此，唯一可接受的一个假说应是：同一体积的任何气体的化合物分子的数目是相当的，在不同体积下，分子数目与气体体积成比例。

这样，一切矛盾之处迎刃而解。

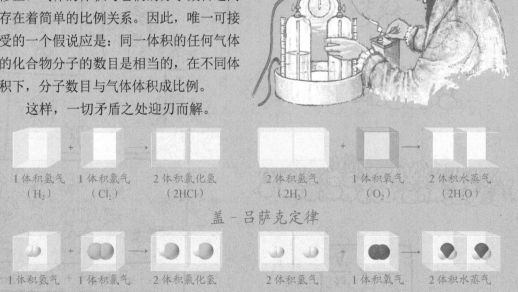

1体积氢气（H_2）　1体积氯气（Cl_2）　2体积氯化氢（2HCl）　　2体积氢气（$2H_2$）　1体积氧气（O_2）　2体积水蒸气（$2H_2O$）

盖－吕萨克定律

1体积氢气　1体积氯气　2体积氯化氢　　2体积氢气　1体积氧气　2体积水蒸气

阿伏伽德罗分子学说

贝齐里乌斯测定原子量

瑞典化学家贝齐里乌斯的童年很不辛，父亲在他 4 岁时就去世了，母亲带着他和妹妹改嫁，结果不久也过世了。好在继父对他还不错。直到上了大学，他才喜欢上化学。为了驳倒相信燃素说的老师，他制出了很多氧气做实验，以证明拉瓦锡的氧化说。后来，他也成了大学教授。

贝齐里乌斯

在道尔顿的原子量表中，道尔顿是把氢的原子量当成 1 作为测量标准的，限于当时的条件，测出来的很多原子量都不准。考虑到氧化物广泛存在，贝齐里乌斯决定把氧的原子量设定为 1 作基准，来测定其他元素的原子量。他先后测定了 50 种元素的原子量，编制并发表的原子量表已经有点儿元素周期表的雏形了。

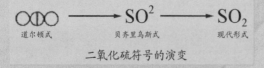

二氧化硫符号的演变

炼金术的化学符号

三元素　　　　　　四元素

硫黄　盐　汞　　　火　气　水　土

星球和金属

月亮　水星　金星　太阳　火星　木星　土星
银　　汞　　铜　　金　　铁　　锡　　铅

贝齐里乌斯发明的化学元素符号系统一直沿用到今天。他第一个提出用拉丁文字母表示元素，使用缩写时，如果第一个字母相同，就用拉丁文的前两个字母加以区别。例如：Na 与 Ne、Au 与 Al 等。他还提出了把表示原子数目的数字标在元素符号右上角的化学式书写规则，这也很快就被化学界所接受，并基本沿袭到今天。

贝齐里乌斯还有许多其他重要贡献，比如发现了硅、硒、铈、钍等好几种元素，第一个提出有机化学的概念等。菠菜中含丰富的铁元素也是他发现的。

他心地善良，56 岁才结婚，没有自己的孩子，就把学生当成自己的孩子。很多学生在他家里吃住和学习，其中不少后来成了大科学家。

道尔顿的元素符号		贝齐里乌斯的元素符号
⊙	氢	H
⊖	氮	N
●	碳	C
○	氧	O
☮	磷	P
Ⓩ	锌	Zn
Ⓒ	铜	Cu

BERZELIUS

BERZELIUS TECKENSYSTEM,
några exempel:

H väte
He helium
Li litium
Be beryllium
B bor
C kol
N kväve
O syre
F flour
Ne neon
Na natrium
Mg magnesium
Al aluminium
Si kisel
P fosfor
S savel
Cl klor
Ar argon
K kalium
Ca kalcium
Sc scandium
Ti titan
V vanadin
Cr krom
Mn mangan
Fe järn
Co kobolt
Ni nickel
Cu koppar

贝齐里乌斯编制的
元素符号表

杜隆－珀蒂定律和考普定律

皮埃尔·杜隆和阿列克西斯·珀蒂分别是法国最厉害的巴黎综合理工学院的化学教授和物理教授。

珀蒂和太太玛利亚

杜隆4岁时成了孤儿，是由阿姨养大的。他长大后当了医生，给穷人看病总不收钱，还搭药费，这样干了一阵子就没法再干了。在自己当上教授前，他给化学家贝托莱做助手，为了买实验设备几乎花光了所有钱。1811年，他发现了三氯化氮，结果被这东西炸瞎了一只眼睛，炸掉了两个手指，但是他并未因此放弃研究。

杜隆

珀蒂是个天才少年，10岁就通过了巴黎综合理工学院的入学考试，在预科学校学习的时候，他像老师似的给同学上课！因为太优秀了，他毕业后直接留校当起了老师。

1819年，杜隆和珀蒂在一起研究固体元素的比热时，发现了杜隆－珀蒂定律："单质固体原子量与其比热的乘积为一常数，也就是原子比热容。"

后来，德国化学家赫尔曼·考普又进一步通过实验证明，固体化合物分子的比热容（分子量与比热的乘积）大约等于原子比热容之和。

考普

当时的情况是直接测量原子量挺费劲儿的，但是测比热容比较容易。这个定律看着很简单，但是对测原子量十分有用。

比热容

简称比热，是单位质量物质的热容量，即单位质量物体改变单位温度时吸收或释放的内能。

水的比热容大，水里暖和

米希尔里希发现同晶型定律

德国化学家米希尔里希在当时的波斯（也就是今天的伊朗）做过一阵子外交官。任期结束后，他就开始学医学，因为当时医生可以相对自由地去东方国家旅游，结果学医不成，他却爱

米希尔里希

上了化学。为了学好化学，他还去瑞典专门拜贝齐里乌斯为师。学成回国后，他成了柏林大学的教授。

米希尔里希的最大贡献是提出了同晶型定律。人们很早就注意到，不同化合物的晶体形状可以是相同的。但是，只有米希尔里希对这种现象进行了深入研究。1819年，他提出了同晶型定律：同数目的原子以相同方式排列就能得到相同形状的晶体。但是，这个定律并不适用于所有物质。例如，硝酸钠与硝酸钾虽然原子数目

硫酸钾晶体结构

硝酸钾晶体

硝酸钠晶体结构

相同、原子的排列方式也相同，但是它们的晶体形状并不相同。

尽管这一定律不是普遍适用，但是仍然十分有用，可以用来确定元素的原子量。例如贝齐里乌斯发现硒后，米希尔里希发现硒酸钾的晶体形状跟硫酸钾的相同，结果很快在做了一些简单测定后，算出了硒的原子量。

坎尼查罗统一原子学说和分子学说

阿伏伽德罗提出分子学说之后，原子和分子、原子量和分子量等概念仍混淆不清，化学式表达也很混乱。例如，当时"HO"既可代表水，又可代表过氧化氢，醋酸的化学式竟然有19种！

坎尼查罗

1860年9月，首届国际化学家大会在德国卡尔斯鲁厄举行，希望能把当时化学界存在争议的问题解决掉。可会上大家各说各的，谁也不服谁。就在大会快结束时，意大利化学家坎尼查罗在会下散发的一本小册子吸引了大家的眼球。

在《化学哲学教程提要》这本小书里，坎尼查罗分析了原子学说和分子学说各自存在的问题，将两者统一起来，还进一步规范了化学式的写法，把当时其他化学家争论不休的问题一下子全都搞明白了。他的成果立刻得到了化学家们的肯定。

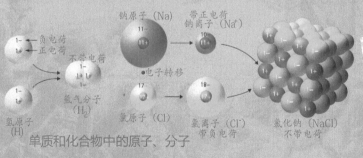

单质和化合物中的原子、分子

坎尼查罗所写的分子式

坎尼查罗是意大利的一名教授。他在化学上的另外一大贡献是发现坎尼查罗反应，也就是用草木灰处理苯甲醛，得到了苯甲酸和苯甲醇的化学反应。

本生和基尔霍夫发明光谱分析法

本生

德国化学家本生是一名大学教授。他一生热爱化学，几乎把全部精力都用在了研究上。他忘记了结婚，终身孤独；甚至忘记了时间，19 世纪快要结束，他才忽然想起自己都88 岁了。他感叹道："哎呀，这是怎么搞的，活得太长了！"这之后不久，本生便去世了。

本生在气体分析、电解提炼金属等很多方面有过重要发现，而且还发明了有着重要应用价值的本生电池和本生灯。

本生电池

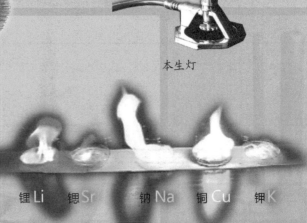

本生灯

1855 年，本生发明了著名的本生灯。这种灯是一种煤气灯，温度可达 2300 摄氏度，而且火焰没有颜色，正因为这一点，本生灯可以用于分析物质焰色反应的实验中。本生在

锂Li　　锶Sr　　钠Na　　铜Cu　　钾K

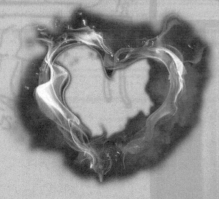

本生灯上灼烧过各种物质。他发现，钾盐灼烧时为紫色，钠盐为黄色，锶盐为洋红色，钡盐为黄绿色，铜盐为蓝绿色。

一开始他挺高兴，以为自己的发现会使化学分析变得极为简单，只要看一下灼烧时的焰色，就可以知道物质的化学成分。但事情并不是那样简单，因为复杂物质被灼烧时，各种焰色互相掩盖，根本什么都看不清。

基尔霍夫

1859 年，本生开始和同事物理学家基尔霍夫一起研究焰色分析方法。在基尔霍夫的建议下，他们把一部直筒望远镜和一块三棱镜组合在一起，造出了世界上第一台光谱分析仪。使用时，光线通过狭缝进入三棱镜，被分解成按频率大小排列的单色光。这么一来，焰色就容易分辨得多了。

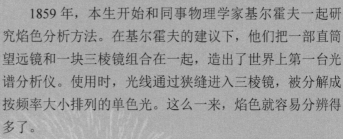

白光经三棱镜分光成彩色光谱

借助光谱分析仪，本生和基尔霍夫发现了元素铯和铷。基尔霍夫还因此单独提出了基尔霍夫光谱定律。再后来，光谱分析方法不仅帮其他化学家发现了不少未知元素，还被天文学家用于分析太阳和其他遥远星体的化学组成。

光谱分析仪

基尔霍夫（左），本生（右）

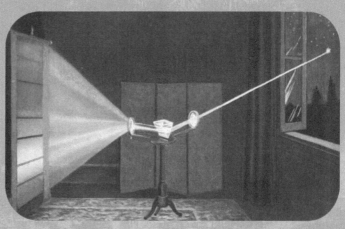

凯库勒等提出化合价学说

弗兰克兰

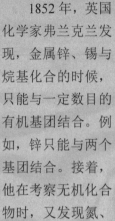

凯库勒

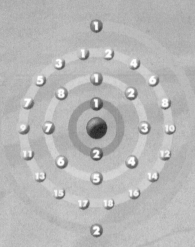

1852年，英国化学家弗兰克兰发现，金属锌、锡与烷基化合的时候，只能与一定数目的有机基团结合。例如，锌只能与两个基团结合。接着，他在考察无机化合物时，又发现氮、磷、砷、锑等元素总是倾向于跟3个或者5个其他元素的原子结合成化合物。他推断这种规律应该是普遍存在的，也就是每种元素的原子总是要结合一定数目的其他原子。

德国化学家凯库勒是首届德国化学家大会的发起人。这个人很有才，读中学时就懂4门外语。他立志当一名建筑师。等他进了大学以后，一次偶然事件改变了他的人生航向。当时有一位伯爵夫人的戒指被偷了，小偷死不认账。化学家李比希被请了去，当庭做了一番测试后，告诉大家扭成宝石戒指的金属小蛇一条是黄金的，一条是白金的，而白金是1819年才开始用于首饰业的，那个小偷却说这个戒指自1805年就到了自己手里，显然在说谎。

凯库勒一下子被李比希的学识吸引住了，决心改学化学。为了学化学，他跟父母吵得不可开交，一个人去了英法德的很多大学学习，而且十分清贫，可以说吃了不少苦。后来他也成了教授。

凯库勒铜像

学生时代的凯库勒

凯库勒很勤奋，据说有一天晚上，他研究苯的结构时怎么想也想不明白，困得打盹，梦见一条咬自己尾巴的怪蛇。他醒后熬了一个通宵，画出了苯的结构图。

1857 年，凯库勒和英国化学家斯科特·库珀先后提出用"原子数"或"亲和力单位"来表示元素的化合能力。他们根据化合物中一个氢原子最多只能跟另一种元素的一个原子相结合的情形，确定氢的亲和力单位为 1，并把氢作为参考，来研究其他元素的亲和力。如确定氯、溴、碘等的亲和力单位为 1，氧、硫等的为 2，氮、磷、砷等的为 3，碳的为 4。

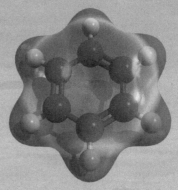

苯环

库珀

迈尔

1864 年，德国化学家朱利斯·迈尔提出用"化合价"来表示原子亲和力的大小，化合价学说由此建立。化合价学说揭示了元素的一种极其重要的化学性质，让人们加深了对元素、原子、化合物的认识。

化合价 = 原子最外层电子数

所有被标注成蓝色的元素的原子，其最外层有两个电子。其他元素的原子最外层电子数等于所在那一列最上面所标的数字。

1	2											3	4	5	6	7	8
1 H Hydrogen																	2 He
3 Li	4 Be											5 B	6 C	7 N	8 O	9 F	10 Ne
11 Na	12 Mg											13 Al	14 Si	15 P	16 S	17 Cl	18 Ar
19 K	20 Ca	21 Sc	22 Ti	23 V	24 Cr	25 Mn	26 Fe	27 Co	28 Ni	29 Cu	30 Zn	31 Ga	32 Ge	33 As	34 Se	35 Br	36 Kr
37 Rb	38 Sr	39 Y	40 Zr	41 Nb	42 Mo	43 Tc	44 Ru	45 Rh	46 Pd	47 Ag	48 Cd	49 In	50 Sn	51 Sb	52 Te	53 I	54 Xe
55 Cs	56 Ba	71 Lu	72 Hf	73 Ta	74 W	75 Re	76 Os	77 Ir	78 Pt	79 Au	80 Hg	81 Tl	82 Pb	83 Bi	84 Po	85 At	86 Rn
87 Fr	88 Ra	103 Lr	104 Rf	105 Db	106 Sg	107 Bh	108 Hs	109 Mt	110	111							

57 La	58 Ce	59 Pr	60 Nd	61 Pm	62 Sm	63 Eu	64 Gd	65 Tb	66 Dy	67 Ho	68 Er	69 Tm	70 Yb
89 Ac	90 Th	91 Pa	92 U	93 Np	94 Pu	95 Am	96 Cm	97 Bk	98 Cf	99 Es	100 Fm	101 Md	102 No

门捷列夫发现元素周期律

德贝莱纳

纽兰兹

进入 19 世纪后，一些科学家意识到元素中肯定存在着某种规律性的东西。德国化学家德贝莱纳和迈尔、英国化学家纽兰兹都曾经注意到元素的化学性质具有规律性。但是他们都没有见识和魄力把自己的发现上升到普遍规律的高度。

第一个对元素周期律有深刻认识的人是俄国科学家门捷列夫。门捷列夫在德国留学时，在本生的实验室学习过。他整理了当时已知的 63 种化学元素的信息，将每种元素的物理和化学性质分别标在一张卡片上面，跟玩扑克似的天天研究这套卡片。经过无数次彻夜不眠地琢磨，1869 年，门捷列夫编写出了历史上第一张元素周期表，提出了元素性质按照原子量大小呈周期性变化的元素周期律。

门捷列夫

根据元素周期律，门捷列夫纠正了当时人们对某些元素原子量、化合价的错误估算，大胆预言了 11 种当时还没被发现的元素，引起了轰动。

门捷列夫的元素周期表

	H 1.01										
He 4.00	Li 6.94	Be 9.01	B 10.8	C 12.0	N 14.0	O 16.0	F 19.0				
Ne 20.2	Na 23.0	Mg 24.3	Al 27.0	Si 23.1	P 31.0	S 32.1	Cl 35.5				
Ar 40.0	K 39.1	Ca 40.1	Sc 45.0	Ti 47.9	V 50.9	Cr 59.0	Mn 54.9		Fe 55.9	Co 58.9	Ni 58.7
	Cu 63.5	Zn 65.4		Ge 72.6	As 74.9	Se 79.0	Br 79.9				
Kr 83.3	Rb 85.5	Sr 87.6	Y 88.9	Zr 91.2	Nb 92.9	Mo 95.9	Tc (99)		Ru 101	Rb 103	Rd 106
	Ag 108	Cd 112	In 115	Sn 119	Sb 122	Te 128	I 127				
Xe 131	Ce 138	Ba 137	La 139	Hf 179	Ta 181	W 184	Re 180		Os 194	Ir 192	Pt 195
	Au 197	Hg 201	Ti 204	Pb 207	Bi 209	Po (210)	At (210)				
Rn (222)	Fr (223)	Ra (226)	Ac (227)	Th (232)	Pa (231)	U (238)					

门捷列夫在乌拉尔地区调查矿藏

1905 年，诺贝尔奖获得者瑞士科学家阿尔弗雷德·维尔纳制成了现代形式的元素周期表，但当时连他也不知道原子序数的实在物理意义。

1913 年，英国科学家莫斯莱发现，门捷列夫周期表里的原子序数对应的是原子的核电荷数。从此，元素周期律被表述为：元素的性质随核电荷数递增发生周期性的递变。莫斯莱的发现使人类对原子的理解跃进了一大步，很多权威人士推测他可能获得 1916 年的诺贝尔奖。可惜第一次世界大战爆发后，莫斯莱加入英军，在土耳其战死，年仅 27 岁。

维尔纳

莫斯莱

元素周期表

元素发现排行榜

英国　23种

瑞典　19种
德国　19种

美国　17种
法国　17种
俄国/苏联　6种

奥地利　2种
丹麦　2种
西班牙　2种
瑞士　2种

芬兰　　1种
意大利　1种
罗马尼亚　1种

武勒合成人造尿素

19世纪之前，在化学界流传着一种"生命力论"，这种理论认为只有生命体才能产生有机物。然而，1824年德国化学家武勒却用人工方法合成了有机化合物——尿素！

武勒也是贝齐里乌斯的学生，他最初是想用氰与氨水反应制取氰酸铵（NH₄OCN），结果发现得到的东西跟天然尿素完全相同！这是因为尿素是氰酸铵的同分异构体，它

武勒

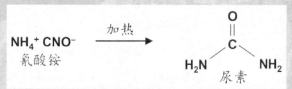

们有着相同的原子构成，但是原子结合方式不一样。这一发现震惊了整个化学界。

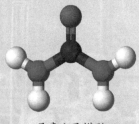

尿素分子模型

武勒预见到一定会有人质疑这一发现，因为他所用的氰和氨毕竟还是从有机生命体内获得的。为了让大家绝对服气，武勒又顽强地苦干了4年，通过实验得出了完全用无机物合成尿素的方法。武勒的成果引发了科学家们对有机物的新一轮狂热，有机化学从此开始兴起。

印度农民在施用尿素做肥料

1862年，武勒把碳和锌钙合金放在一起加热，造出了电石，并鉴定出电石遇水所产生的气体就是乙炔。很快，以碳为原料制电石，由电石制乙炔，再以乙炔为原料合成多种有机化合物产品的有机化学工业发展了起来。

电石

有机化学之父李比希

卢埃尔

塞提诺

　　醋酸、糖等有机物的存在，是人类早就知道的。18 世纪下半叶，舍勒像变戏法似的发现了草酸、酒石酸、乳酸、柠檬酸等一大批有机物。大约与此同时，法国化学家卢埃尔从人的尿液中提炼出了尿素，从牛和骆驼的尿液中发现了马尿酸。进入 19 世纪，德国化学家塞提诺从鸦片中提取了吗啡，引发了科学界对于生物碱的着迷，大家一口气又发现了很多种生物碱。尽管这样，当时人们对有机物的研究并不系统深入，最终把有机化学变成一门学科的人是德国化学家李比希。

李比希

　　1803 年，李比希出生在当时德国的黑森大公国。他从小就对化学感兴趣，立志长大后要当一名化学家。为了实现理想，他读了很多书，做了大量的实验。中学时他成绩很差，就退学去药店当了一名伙计。可只要一有时间，他就会跑到药店阁楼上自己的房间做实验。结果有一次做实验时差点儿把阁楼炸飞，老板被吓得只好让李比希回家了。

　　那时才 17 岁的李比希就去波恩大学继续念书，不到 20 岁就拿到了博士文凭，但很快他又回家了，原因是他觉得波恩大学的老师已经没什么可教他的了。后来他的事儿传到了黑森大公路德维希一世的耳朵里。大公不缺钱，而且喜欢帮助年轻人，他决定出钱让李比希去国外留学！李比希就去了巴黎，跟着大化学家盖 - 吕萨克等名家学习。后来他学成归国，成了吉森大学的教授。

路德维希一世

李比希对化学的最大贡献是发明了定量分析碳氢含量的有机物检测方法。他还跟武勒合作做出过很多发现，比如提出了同分异构体学说。第一个提出氢是酸的基本元素这个学说的人，也是李比希。

中年以后，李比希把主要精力放在了化学应用上，研究比如植物需要吸收二氧化碳、水分和氮、磷、钾、钙等元素作为营养成分，动物和人需要脂肪、淀粉和蛋白质作为营养物质之类的问题。他发现了氮对于植物成长的重要性，因此被称为"肥料工业之父"。

李比希实验室

李比希纪念碑

李比希最杰出的地方在于，他不仅是一名化学家，还是历史上第一位化学教育家，他改变了过去化学家私塾式的上课方式，允

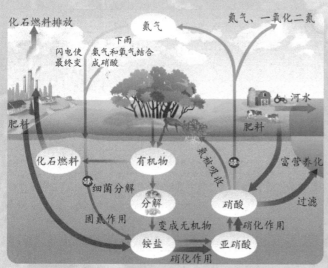

许所有学生跟自己学习，带出了一大批大大小小的化学家，形成了一个有机化学学派，比如发现苯环的凯库勒就是他的学生！

杜马和罗朗发现取代反应

有一回法国皇帝拿破仑三世在皇宫举办舞会，舞厅里用于照明的蜡烛忽然冒出一种怪烟，熏得很多宾客当场离开。皇帝下令追查原因，任务最终落到了化学家巴黎大学教授杜马身上。

杜马

杜马发现，蜡烛冒出来的烟是氯化氢。原来，这批蜡烛是用氯气漂白过的新产品。漂白的过程中，

石蜡和氯气的反应

$$CH_2=CH_2(\text{气}) + Cl_2(\text{气}) \longrightarrow CH_2ClCH_2Cl(\text{液})$$

一些氯原子渗透到蜡烛中，替换了蜡烛中一些石蜡分子里的氢原子。后来蜡烛燃烧时，释放出有毒气体，才熏得大家扭头就跑！杜马把这种氯原子替换掉某些物质分子中的氢原子的反应叫作取代反应。

罗朗

随后，杜马的学生罗朗又发现，取代反应发生前后，物质的性质并没有太大的变化。他认为：有机物分子是一种有框架结构的整体，当一些小环节的固有元素被其他元素取代时，整体的性质不受影响。人们由此意识到，有机物的性质不仅跟组成分子的原子的性质有关，还跟原子的安插位置有关。

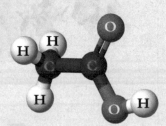

醋酸分子

为了解释取代反应，杜马在大约1839年提出了类型理论。他认为在有机物中存在着不同的类型，属于同一类型的有机物分子的原子可以互相交换，而化学性质不变。在杜马的影响下，一些科学家开始给有机物划分类型。不过类型理论很快就被更接近真相的结构说取代了。

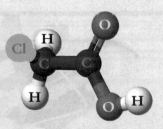

氯代乙酸分子

布列特洛夫提出有机化合物结构学说

酒石酸晶体粉末

1830 年，贝齐里乌斯发现葡萄酸跟酒石酸是同分异构体，提出一个假设："由相同数目同种元素原子组成的物质，如果原子排列方式不同，化学性质也不同。"科学家们开始注意到有机物的分子结构跟它们的性质有关。

1861 年，俄国化学家布列特洛夫在德国的一次学术会议上首次提出了"化学结构"的概念，把化合物分子中各个原子相互连接的方式称为化学结构，并提出分子的性质取决于构成它的原子的性质、数量和化学结构。布列特洛夫认为，有机物的化学性质跟它的分子化学结构有关，可以通过分子的化学结构来推测它的化学性质，也可以通过它的化学性质来推断它的化学结构。

布列特洛夫

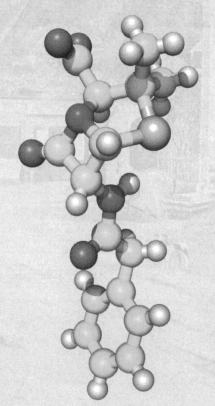

布列特洛夫是喀山大学的教授，是俄国喀山学派的创始人和领导人，在俄国乃至全世界都有很大的影响。根据化学结构学说，布列特洛夫先后预言并合成了一些有机物，其中最著名的成果要数第一个用人工方法合成了糖类。他还提出过碳的化合价是四价。

霍夫曼

1865 年，受布列特洛夫影响的德国化学家奥古斯特·霍夫曼，在一次讲演中第一个使用了用球棍模型来表达化合物结构的方法。

巴斯德发现同分异构化合体的结构差异

年轻时的巴斯德

酒石酸和葡萄酸作为同分异构体，组成成分完全一样，但性质有所不同。一开始大家都不明白为什么会这样。1848年，法国化学家巴斯德还在巴黎师范学院念书时，就开始研究这个问题。

巴斯德注意到水晶有左旋水晶和右旋水晶，于是估计酒石酸晶体的分子也存在同样的情况，所以酒石酸溶液才能使光线发生偏转；而葡萄酸溶液不能使光线偏转，是因为葡萄酸晶体分子没有左旋或右旋。

左旋　　　　　右旋
酒石酸晶体

为了证实自己的想法，巴斯德对19种酒石酸盐晶体进行了研究，发现酒石酸盐晶体确实存在右旋或者左旋的情况。他把右旋酒石酸溶液和左旋酒石酸溶液等量混合，最终得到了不能使光线偏转的葡萄酸溶液，由此揭示了酒石酸和葡萄酸的区别。

1854年，巴斯德在里尔大学当教授时，里尔的葡萄酒业协会代表找到他，请他帮忙解决葡萄酒变质问题。巴斯德认为引起葡萄酒变质的是乳酸杆菌，经过反复实验，他发明了把酒放在五六十摄氏度的环境里半小时，以杀死酒里乳酸杆菌的"巴氏消毒法"。

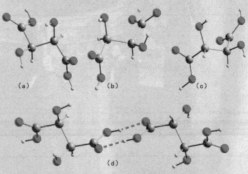

（a）右旋酒石酸；（b）左旋酒石酸；（c）内旋酒石酸；（d）外旋酒石酸，又名葡萄酸

学者不应该是财迷！大家随便用我的发明！不要钱！

法国在普法战争中战败后，需要向德国支付50亿法郎的战争赔款。据说光是巴氏消毒法在葡萄酒、啤酒行业里一年帮法

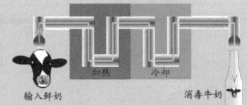

输入鲜奶　　加热　冷却　　消毒牛奶

国人创造的价值，就足够支付赔款了。现在超市里卖的袋装牛奶仍然用这种消毒法杀菌。

在对发酵现象研究的基础上，巴斯德进一步提出了细菌引发腐败、导致伤口感染和传染病流行的观点。很快，消毒、接种疫苗和防疫的做法开始在医学界流行起来。由于新的防病治病方法的采用，人类的平均寿命在一个世纪里延长了30年！

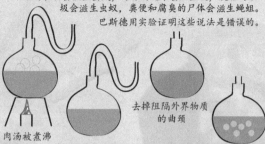

自然发生说：生物能从物质中自然产生，可以没有上一代。不洁的衣物会滋生蚤虱，污秽的死水会滋生蚊，肮脏的垃圾会滋生虫蚁，粪便和腐臭的尸体会滋生蝇蛆。
巴斯德用实验证明这些说法是错误的。

肉汤被煮沸　　封闭保存长期不变质　　去掉阻隔外界物质的曲颈　　出现微生物

观察兔子

巴斯德还运用自己的知识给蚕治过病，研制出了鸡霍乱、炭疽病和狂犬病疫苗。当时有个9岁的法国小男孩梅斯特被疯狗咬伤14处，据说只能等死，被交给巴斯德治疗两周后，竟然又活蹦乱跳了。这种情况在世界上是第一回！

巴斯德为羊注射炭疽疫苗

巴斯德因此被称为"细菌学之父""微生物学之父"。巴斯德读书时被戏称为"实验室蛀虫"，几乎一有空就钻进实验室做实验。他所以能取得如此巨大的成就跟他特别勤奋是有关系的。

范霍夫提出立体分子结构假说

巴斯德发现了酒石酸和葡萄酸晶体分子的区别，但酒石酸晶体分子为什么会是这样？21年后，荷兰化学家、阿姆斯特丹大学教授范霍夫的论文《立体的分子结构》，正好解决了巴斯德没有说明白的问题。

范霍夫　　　　武兹

范霍夫从小就喜欢物理和化学，经常偷偷爬窗户钻进学校的实验室做实验。他的父亲是一名医生，知道这件事后只好把自己的一间诊室给他玩！为了早点儿进大学，范霍夫发奋苦读，用两年时间读完了本该3年读完的工业学校。从莱顿大学毕业后，他先后去了柏林、巴黎，跟着化学家凯库勒、武兹学习过。

甲烷分子　109.5度

勒·贝尔

武兹指导范霍夫和他的同学勒·贝尔一起研究酒石酸的左右旋问题。回到荷兰后，范霍夫继续思考老师给他提出的课题。根据能量最小原理，一个系统要达到稳定的平衡状态，能量必须达到最低，所以，1个碳原子和4个氢原子组成的甲烷分子只能是正四面体，因为只有这样才是最稳定的。范霍夫由此解释了酒石酸晶体分子的左右旋问题：碳原子向着4个呈立体分布的方向伸出4个化学键，当这4个化学键与4个不同的原子或原子团形成化合物时，就会生成不对称的晶体分子。

差不多跟范霍夫同时，勒·贝尔也发表了观点几乎完全相同的论文，因此碳原子的四面体模型又被称为范霍夫－勒·贝尔模型。范霍夫还做出过其他一些了不起的发现，在1901年成为第一位诺贝尔化学奖获得者。

范霍夫和挚友诺贝尔奖获得者奥斯特瓦尔德在一起

拜尔对分子式结构的研究

阿道夫·拜尔

约翰·拜尔

范霍夫提出立体的分子结构说后，接着在立体化学方面研究出新东西的人是德国化学家阿道夫·拜尔。拜尔的父亲约翰·拜尔是名中将，没什么文化，但是特别爱学习。他的父亲50岁才开始学习地理学，到70多岁时竟然成了柏林地质研究院院长。有这样的父亲做榜样，拜尔从小就非常用功。他读大学时跟着本生、凯库勒学习，23岁时就拿到了博士文凭，取得了很多科学成果，以至于当时的德国皇帝在接见他时，都惊叹于他的年轻。

凯库勒曾指出苯分子是环状结构的，但他的理论却不能解释苯分子的所有特性。拜尔根据范霍夫的立体分子结构说，提出了苯环的中心式结构学说：苯环中的每个碳原子都有一个化学键指向环的中心，6个中心键互相牵制，达到平衡。

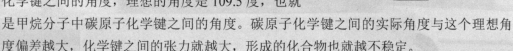

拜尔还指出，碳化合物的稳定性取决于碳原子化学键之间的角度，理想的角度是109.5度，也就是甲烷分子中碳原子化学键之间的角度。碳原子化学键之间的实际角度与这个理想角度偏差越大，化学键之间的张力就越大，形成的化合物也就越不稳定。

由于在染料和芳香烃等化合物研究方面的贡献，1905年，拜尔被授予诺贝尔化学奖。今天当我们穿着五颜六色的衣服时，可不能忘了这位大科学家哦！

费歇尔研究尿酸、糖类和蛋白质

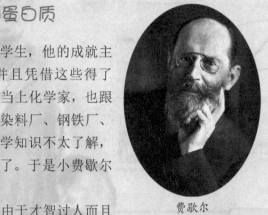

费歇尔

德国化学家费歇尔是凯库勒和拜尔的学生，他的成就主要是嘌呤衍生物、蛋白质和糖类研究，并且凭借这些得了1902年的诺贝尔化学奖。费歇尔之所以能当上化学家，也跟他父亲有关。他父亲是一个企业家，开过染料厂、钢铁厂、水泥厂，但是自己对办这些工厂需要的化学知识不太了解，就经常念叨家里要是有一个懂化学的就好了。于是小费歇尔从小就立下了长大当化学家的志愿。

嘌呤分子模型

由于才智过人而且特别好学，费歇尔27岁就成了副教授。他研究了大量尿酸类有机物，发现在这类物质的结构上起基础作用的是一种叫嘌呤的物质，所有尿酸类化合物都可以看作嘌呤的衍生物。

混在一起的糖类是很不好分辨的，但是糖和一种叫苯肼的化合物化合后，就没办法跟大家藏猫猫了。费歇尔第一个发现了苯肼，还发明了用苯肼制造多种糖类的方法，其中有些糖类是以前人们都不知道的。费歇尔还发现了葡萄糖有16种同分异构体。

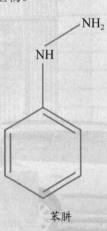

苯肼

费歇尔对蛋白质的研究是从研究氨基酸着手的，他发现了21种氨基酸中的19种，而且提出了氨基酸分子组合成多肽分子，多肽组合成蛋白质的蛋白质结构说。

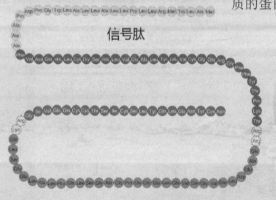

信号肽

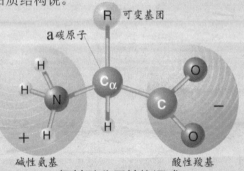

氨基酸分子结构通式

有机化学合成工业的发展

随着有机化学的发展，有机化学合成工业也飞快地发展起来。

帕金

1856年，英国人帕金年仅18岁，还在英国皇家化学学院念书。他的导师德国化学家奥古斯特·霍夫曼要

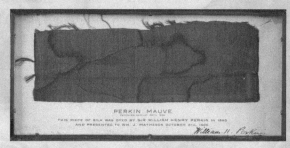
1860年帕金用苯胺紫染色的丝绸

他合成治疟疾的奎宁，他没搞明白，却阴差阳错地发明了苯胺紫。这是第一种人工合成的紫色染料。发明苯胺紫后，帕金干脆辍学经商，靠这种染料成了百万富翁。

穿品红色服装的小朋友

霍夫曼就是那个最早使用分子球棍模型的人。作为老师，他在专业上当然更厉害。1858年前后，他一口气

霍夫曼讲学

合成了品红、苯胺蓝、翡翠紫、碘绿等好几种苯胺类染料。

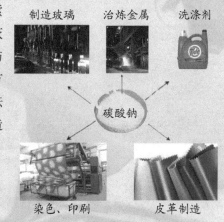
索尔维

1861年，比利时人索尔维发明了用食盐、石灰石和氨为原料制碳酸钠与氯化钙的方法。用这种方法制碳酸钠要比传统方法少花钱，可用来大量制造肥皂和玻璃。

制造玻璃　治炼金属　洗涤剂

碳酸钠

染色、印刷　皮革制造

1847 年，意大利教授索布雷罗公布了硝化甘油的发明。他发现用硫酸和硝酸处理甘油后得到的硝化甘油"脾气"非常不好，稍微一受震动就会发生爆炸。

1862 年，瑞典人阿尔弗雷德·诺贝尔发明了用雷管引爆硝化甘油的方法。为了研究出好用的炸药，诺贝尔家老少齐上阵。有一次实验室

索布雷罗

青年时代的诺贝尔

出事故，一下子炸死了 5 个人，其中包括诺贝尔的一个弟弟，他父亲也被炸成了重伤。但诺贝尔毫不退缩，先后发明了硅藻土炸药、胶质炸药和无烟炸药等产品。这些炸药被广泛地用于工程和战争中。

A:吸收了硝化甘油的木屑或其他材料
B:保护外壳　C:雷管
D:连接雷管的控制电线

硝化甘油炸药

诺贝尔有很多专利，他经营炸药和武器生意，成了大富翁，也成了一些人眼中"贩卖死亡的商人"。1895 年，他创立了诺贝尔奖，以奖励那些对人类文明与国际与平做出贡献的人。

诺贝尔奖章

格雷贝

利伯曼

拜耳

法赫伯格

雷姆森

1868 年，德国化学家格雷贝和利伯曼用从煤焦油中提炼出的蒽合成了茜素。

1882 年，德国化学家拜尔合成了靛蓝染料。

1883 年，德国化学家保蒂格合成了刚果红染料。

靛蓝色的小鸟

刚果红色的辣椒

1879 年，德国化学家法赫伯格和美国化学家雷姆森共同发明了糖精。可申请专利时，狡猾的法赫伯格在文件上只写了自己一个人的名字，后来他靠这项专利发了大财。

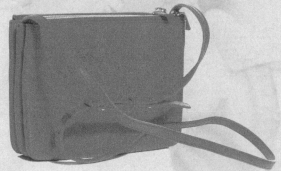

茜素红色的女包

糖精冰激凌的好处是吃了不会发胖

糖精

第一次世界大战期间被芥子气暂时毒瞎眼睛的英国士兵

哈伯使用过的制氨设备

哈伯

菲利克斯

埃尔利希

1909年，德国化学家哈伯发明了用氢气和氮气生产氨的方法。氨是制造化肥和炸药的重要原料。哈伯在第一次世界大战期间负责研究氯气、芥子气等毒气，间接伤害了不少人，所以人们一方面因为他对化肥生产的贡献赞美他，又因为他助纣为虐研究毒气批评他。哈伯是1918年的诺贝尔化学奖获得者。

1889年，德国化学家菲利克斯·霍夫曼合成了乙酰水杨酸，也就是今天人们常用来去热、止痛、治风湿、治感冒的阿司匹林。菲利克斯还是毒品海洛因的发明者。

1909年，德国化学家埃尔利希发明了第一种抗菌素胂凡纳明，这种药曾被广泛用来治疗梅毒，但其本身就是有毒的。在欧洲的一些国家，这种抗菌素通过死尸渗入地下，对地下水造成了污染。

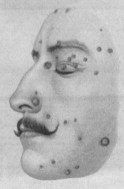

梅毒患者

1932 年，德国化学家多马克发现一种叫百浪多息的红色染料可以杀死链球菌。可是多马克没有立刻公开自己的发明，尽管当时有很多人正被病菌所折磨，这可能是因为他知道百浪多息已经被申请了专利，所以想发明一种类似的药物申请专利。尽管如此，他还是因发现了百浪多息的抗菌性获得了 1939 年的诺贝尔生理学或医学奖。

多马克

1928 年的一天，英国细菌学家弗莱明忙着去休假，把几个没洗的培养皿摞在一起就出门了。大约一个半月后，他回来时，发现最上面的培养皿上出现了溶菌的白斑，由此发现了青霉素。1938 年，他的同事英国病理学家弗洛里和德国生物化学家钱恩找到了提炼青霉素的方法。三人

抑制构成细菌细胞壁的粘肽合成　　细胞壁缺损　　水分内渗　　菌体膨胀　　裂解、融化而死

1　2　3　4　5

青霉素的杀菌过程

百浪多息

弗莱明　　钱恩　　弗洛里

因此一起获得了 1945 年诺贝尔生理学或医学奖。

1941 年，青霉素开始用于给士兵治疗伤口，挽救了无数人的生命。青霉素是人类发现的第一种高效抗菌素，结束了过去人的手指被切个小口就可能因感染细菌死亡的历史。

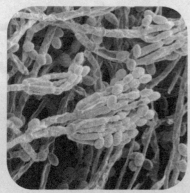

青霉素菌株

青霉素的用途和副作用

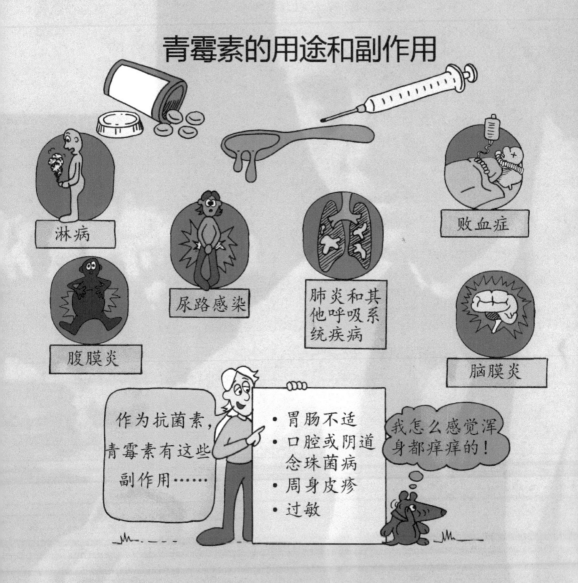

淋病

腹膜炎

尿路感染

肺炎和其他呼吸系统疾病

败血症

脑膜炎

作为抗菌素，青霉素有这些副作用……

· 胃肠不适
· 口腔或阴道念珠菌病
· 周身皮疹
· 过敏

我怎么感觉浑身都痒痒的！

物理化学"三剑客"

罗蒙诺索夫是第一个提出"物理化学"概念的人。把物理规律引进化学的圈子，研究微观的分子、原子、离子运动的科学，就是物理化学。

从1877年开始，范霍夫开始钻研物理化学方面的问题。在研究溶液的渗透规律时，他发现测出来的溶液压力总是比自己估算的要大。这是为什么呢？这时，瑞典化学家阿累尼乌斯给范霍夫邮寄了一篇论文，想让他支持一下自己提出的电离学说。范霍夫一看论文，恍然大悟：化合物溶于水后以离子形式存在，溶液里的粒子数目比未溶解时的化合物的分子数目多，所以溶液里的实际压力才比按分子数目计算出来的压力大！

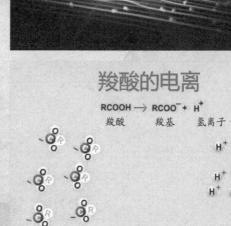

羧酸的电离

$$RCOOH \longrightarrow RCOO^- + H^+$$
羧酸　　　羧基　　氢离子

范霍夫把自己的想法写成论文发表后，引起了德国科学家奥斯特瓦尔德的注意。他特地从德国跑到荷兰，跟范霍夫讨论范霍夫的论文。奥斯特瓦尔德是莱比锡大学的教授，研究物理化学也不是一天两天的了，和范霍夫一见面就跟老朋友似的投缘。两人商量好，决定带上阿累尼乌斯，一起创办《物理化学杂志》。这标志着物理化学学科的建立。

阿累尼乌斯

奥斯特瓦尔德

阿累尼乌斯

奥斯特瓦尔德

这3位科学家超越国界的合作是科学史上的一段佳话，所以他们被称作物理化学"三剑客"。三人后来都获得了诺贝尔化学奖。

焦耳证明热力学第一定律

焦耳

英国科学家焦耳在青少年时期曾先后跟随提出原子论的道尔顿和明星科学家戴维学习过。大学毕业后，他在父亲开办的啤酒厂工作，业余时间始终勤奋地钻研科学。

蒸汽机在19世纪被发明后，很多科学家开始关注热力学。1847年，为证明热力学第一定律，焦耳做了一个可以说是奇思妙想的实验：他在量热器里装上水，中间安上带有叶片的转轴，然后让下降的重物带动叶片旋转，由于叶片和水的摩擦，水和量热器都变热了。根据重物下落的高度，可以算出转化的机械功；而根据量热器内水升高的温度，可以计算水的内能的升高值。把两数进行比较就可以求出热功当量的准确值来。用这种方法，焦耳测出的最精确的热功当量是1卡＝4.157焦耳，已经非常接近它的现代值1卡＝4.184焦耳。

热力学第一定律又叫能量守恒定律，简单说就是：热量可以从一个物体传递到另一个物体，也可以与机械能或其他能量互相转换，在转换过程中，能

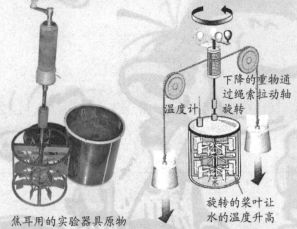

温度计

下降的重物通过绳索拉动轴旋转

焦耳用的实验器具原物

旋转的桨叶让水的温度升高

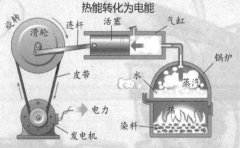

热能转化为电能

旋转　连杆　活塞　气缸

滑轮

皮带

水　蒸汽　锅炉

电力

染料　热

发电机

量的总值保持不变。确认了这个定律，大家就知道永动机是搞不出来的了。

为了纪念焦耳，人们把能量和功的单位命名为"焦耳"。

热力学第一定律

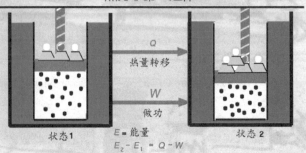

热量转移

Q

做功

W

状态1

状态2

$E＝$能量

$E_2 - E_1 = Q - W$

在一个热力学系统的两个平衡状态中，能量的增加和这个系统所做的功是相当的。

大科学家焦耳的塑像

卡诺提出热力学第二定律

卡诺

克劳修斯

热力学第二定律有多种表述。1824年，法国工程师卡诺在研究蒸汽机的作用时提出了卡诺定理：热动力的大小跟产生它的物质无关，决定于热机加热器和冷却器之间的温度差，温度差越大，热机的效率就越高，此外，热动力还跟热量的有效传送量有关。卡诺36岁时就去世了，他生活的时代正是拿破仑帝国刚被推翻前后，由于父亲是拿破仑手下的官员和科学家，卡诺自己还有点儿愤世嫉俗，他的理论在一开始没什么人重视。

1850年，德国科学家克劳修斯把热力学第二定律修订为：热不能自发地从较冷的物体传到较热的物体。他还发明了"熵"这个物理量，用来表示体系内事物的混乱程度。能量越多，东西越乱，熵就越大。

热力学第二定律

ΔQ 热量转移

T_1（热）　　T_2（冷）

$\Delta S = 熵 = \dfrac{\Delta Q}{T}$

造成系统和周围环境的熵增大的过程是不可逆的；如果熵不变，则过程可逆。

英国科学家开尔文勋爵本来的名字是威廉·汤姆逊，后来被封为勋爵，大家就都叫他开尔文勋爵。开尔文跟焦耳合作研究过，热力学第一定律的提出也有开尔文的功劳。开尔文对第二定律的贡献更大，1848年，他将卡诺定理表述为：从单一热源取热，使热量完全变为有用功，而不产生其他影响的机器是不存在的。开尔文还是建立热力学温标的人。为纪念开尔文，人们将热力学温度的单位命名为开尔文。

开尔文勋爵

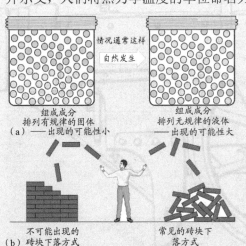

情况通常这样

自然发生

组成成分排列有规律的固体
（a）——出现的可能性小

组成成分排列无规律的液体
——出现的可能性大

（b）不可能出现的砖块下落方式

常见的砖块下落方式

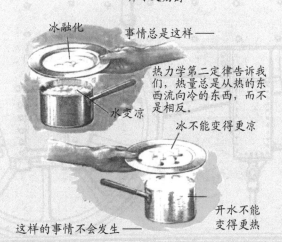

冰融化

事情总是这样——

热力学第二定律告诉我们，热量总是从热的东西流向冷的东西，而不是相反。

水变凉

冰不能变得更凉

这样的事情不会发生——

开水不能变得更热

能斯特提出热力学第三定律

能斯特

根据开尔文勋爵的设定，热力学零度（又称绝对零度）是热力学温标的最低温度，约等于零下 273.15 摄氏度。1906 年，德国物理化学家能斯特发现，如果化学反应是吸热的，那么所吸收的热量将随着温度的下降而下降；当温度下降到绝对零度时，反应吸收的热量变为零，发生反应的物质的熵为零。这就是所谓的热力学第三定律。

能斯特在 23 岁时就获得了博士学位，后经由阿累尼乌斯介绍，给奥斯特瓦尔德当助手。后来因提出热力学第三定律，他获得了 1920 年的诺贝尔化学奖。能斯特总说自己能取得那么多成绩，都是老师奥斯特瓦尔德教育得好。他自己也有 3 个学生得了诺贝尔奖。

能斯特像奥斯特瓦尔德一样，是一个非常爱才的人。在爱因斯坦影响力还不大时，他

能斯特和他的同事们

曾因为欣赏爱因斯坦的论文，从柏林赶到瑞士苏黎世拜访爱因斯坦。这次拜访对后来爱因斯坦被德国大学聘为教授起了挺大的作用。可能斯特自己后来却因批评希特勒被赶出了大学。

1912 年，德国科学家普朗克将热力学第三定律表述为：在绝对零度条件下，任何完美晶体的熵都是零。"完美晶体"是指没有任何缺陷的规则晶体。

能斯特（左），爱因斯坦（中），普朗克（右）

热力学第三定律

熵 = 0　　　　　熵 > 0

完美晶体　　　非完美晶体

古德贝格和瓦格发现质量作用定律

拉瓦锡（右），贝托莱（左）

较早发现化学反应跟参加反应的物质的质量有关的人，是法国科学家贝托莱。贝托莱跟很多科学家有交往。他是拉瓦锡的好朋友，拉瓦锡在法国大革命时期被送上了断头台，他却因为跟拿破仑一见如故当上了议员和伯爵。

1799 年，贝托莱跟着拿破仑远征埃及时发现，埃及盐湖沿岸的岩石上有氯化钠和岩石发生反应生成的碳酸钠沉积。他研究过这种现象后提出，在化合反应中，当产物的量超过一定限度后，化学反应可以逆向发生。不过，在物理化学获得大发展以前，他的理论没什么人注意。

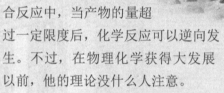

贝特罗

1862 年，法国科学家贝特罗和圣 - 吉尔发现，无论是在醋酸与酒精发生的酯化反应还是在逆向的皂化反应中，当反应最后达到平衡时，所得到的酯的量与反应物质量之积成正比，与引起反应的溶液体积成反比。

1864 年—1879 年，挪威科学家古德贝格和瓦格确立

古德贝格（左），瓦格（右）

了质量作用定律：化学反应速率与反应物的有效质量成正比。其中的有效质量实际上是指气体或液体的浓度。范霍夫后来从热力学的角度也研究出了这个定律。不过其他科学家后来发现，质量作用定律只适用于那些一步就能完成的基元反应。

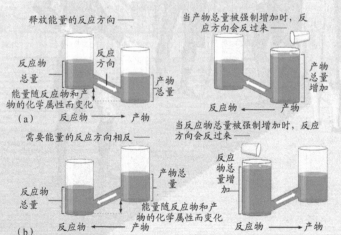

释放能量的反应方向——

反应物总量　反应方向　产物总量

能量随反应物和产物的化学属性而变化

(a)　反应物 ——→ 产物

当产物总量被强制增加时，反应方向会反过来 ——

产物总量增加

反应物 ——→ 产物

需要能量的反应方向相反——

反应物总量　产物总量

能量随反应物和产物的化学属性而变化

(b)　反应物 ——→ 产物

当反应物总量被强制增加时，反应方向会反过来——

反应物总量增加

反应物 ——→ 产物

勒·夏特里提出化学平衡移动原理

勒·夏特里

法国巴黎大学教授勒·夏特里的父亲是一名在当时很有名的工程师，对法国的炼钢业、炼铝业、铁路业发展都出过很大的力。他的母亲则是一个特别循规蹈矩的女士。在这样一对父母的影响下，勒·夏特里从童年开始就特别勤奋好学。考大学时，他本来因受母亲的影响，想学艺术专业，但是他父亲却力主男子汉应该献身科学事业。这样勒·夏特里就报考了工程专业。可是在学校里，他却热衷于研究化学，结果慢慢成了化学家。

勒·夏特里大学刚毕业时，曾带着几个弟弟一起研究出了储存液态乙炔的安全技术，并申请了氧气-乙炔切割、焊接技术的专利。他们的发明现在仍在工厂里继续使用着。

1884 年，勒·夏特里发现了化学平衡移动原理：如果改变影响化学反应平衡的一个条件（如浓度、压强或温度等），平衡就向着能够减弱这种改变的方向移动。按照勒·夏特里的看法，除非反应中有沉淀或者气体生成，其他一切化学反应都是可逆的。

这一次，乐于助人的范霍夫再次冲出来帮忙证明了勒·夏特里的理论，他还进一步发现：若平衡体系中温度下降，则产生热量的反应增加，直到达到新的平衡。这一原理适用于所有化学反应。

哪头翘起来了，咱就得坐在哪头。

化学平衡移动原理

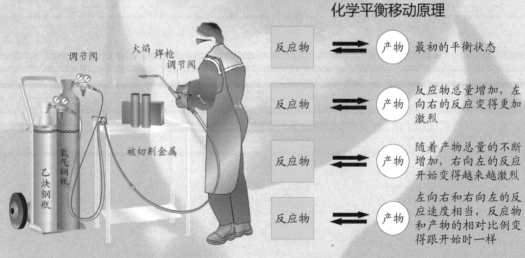

反应物 ⇌ 产物 最初的平衡状态

反应物 ⇌ 产物 反应物总量增加，左向右的反应变得更加激烈

反应物 ⇌ 产物 随着产物总量的不断增加，右向左的反应开始变得越来越激烈

反应物 ⇌ 产物 左向右和右向左的反应速度相当，反应物和产物的相对比例变得跟开始时一样

调节阀　火焰　焊枪调节阀

被切割金属

氧气钢瓶

乙炔钢瓶

亨利发现溶解度跟压力的关系

摇一摇可乐或者雪碧瓶时，会看到汽水里有很多小气泡上下窜动。这些气泡都是二氧化碳气体。当汽水瓶盖被打开后，就会有很多小气泡嘶嘶嘶地冲出汽水表面。这是因为当汽水瓶里的压力变得跟大气压一样低后，本来溶解在汽水里的二氧化碳就跑出来了。当汽水里的二氧化碳少到不能再少时，汽水喝起来就变得不那么爽口了。

亨利

为什么在较高压力下汽水里溶解的二氧化碳要比在大气压下多呢？这种现象可以用亨利定律来解释。

1803 年，英国化学家亨利提出了亨利定律：在等温条件下，某种气体在溶液中的溶解度与液面上该气体的平衡压力成正比。

亨利本来学的是医学，因为天生体弱多病，所以基本上没给人看过病。可他是一个很要强的人，也十分勤奋。他把自己的主要时间都放在化学研究上，后来成了英国皇家学会的研究员，还拿过著名的考普雷奖。他最有名的成就就是亨利定律。

亨利定律

低压　　　　高压

液面上的气压和溶液里的是相等的。

P_1　　P_2

亨利定律的应用

二氧化碳

有趣的渗透现象

诺莱

1748年，法国教士科学家诺莱发现，把开口蒙着猪膀胱的容器放入水中，水会穿过膀胱膜进入容器，而且产生的压力还挺大，有时甚至能撑破膀胱膜。

1871年，荷兰的植物学家德弗里斯又发现，把植物泡在纯水中，植物会膨胀起来；要是改泡在高浓度溶液里，植物会很快枯萎；只有把植物泡在适当浓度的溶液中，植物的细胞膜才能维持正常。他推测：只有在植物细胞膜内外溶液的渗透压相当时，细胞才不会被破坏。相似的现象也出现在对红血球细胞进行的实验中。

德弗里斯

不过，德弗里斯研究这些是从生物学角度出发的。他的更大贡献是提出基因学说，研究月见草基因突变，为达尔文的进化论提供了证据。他还和其他科学家一起把差点被人们忘掉的孟德尔定律从书堆里挖了出来。德弗里斯是个爱国者。他出

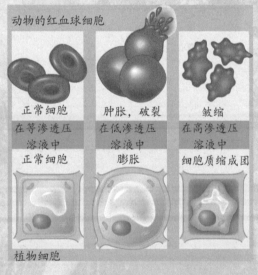

动物的红血球细胞

正常细胞	肿胀，破裂	皱缩
在等渗透压溶液中	在低渗透压溶液中	在高渗透压溶液中
正常细胞	膨胀	细胞质缩成团

植物细胞

德弗里斯研究月见草

名后，很多国家的大学高薪聘请他去当教授，但都被他拒绝了。在阿姆斯特丹大学，他教了40多年书，光博士生就带出了好几十人。

浦菲弗

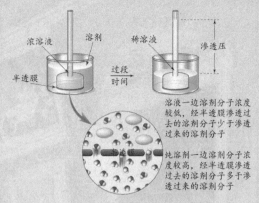

溶液一边溶剂分子浓度较低,经半透膜渗透过去的溶剂分子少于渗透过来的溶剂分子

纯溶剂一边溶剂分子浓度较高,经半透膜渗透过去的溶剂分子多于渗透过来的溶剂分子

1877年,德国植物学家和化学家浦菲弗制造了一种能测量渗透压的仪器。通过一系列反复实验,他导出了渗透压公式:$PV=kT$,意思是在一定温度下,溶液的渗透压与其浓度成正比。后来,范霍夫将该公式修正为 $PV=nRT$,这种调整是为了适应酸、碱、盐溶液里分子电离、微粒增多的情况。

把溶液和水分别放在中间有半透膜的 U 形管两边,可以看到水通过半透膜往溶液一端跑。在溶液端不断增加压力,当压力增大到恰好可以阻止水的渗透时,所施加的压力跟半透膜受

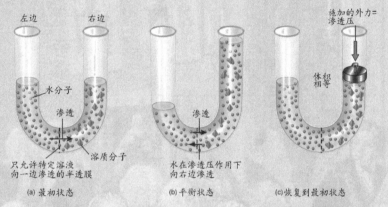

(a) 最初状态

(b) 平衡状态

(c) 恢复到最初状态

到的渗透压相当。渗透压的大小和溶液的摩尔浓度、溶液温度和溶质解离度相关,因此要是知道渗透压的大小和其他条件,就可以算出蛋白质等大分子的分子量。

渗透原理可以应用于淡化海水,净化有微生物的淡水,提纯牛奶等多种液体。用糖腌渍好吃的果脯利用的也是这个原理。

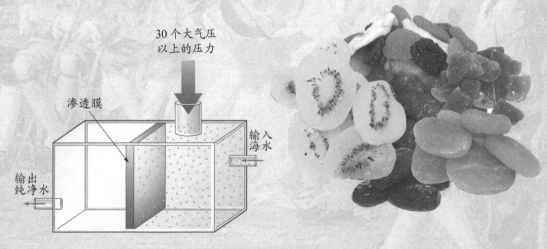

拉乌尔发现溶液的冰点和蒸气压规律

1771 年，英国科学家华生发现盐的水溶液的冰点要比纯水低，降低值与溶液中盐的质量成正比，并且相同质量、不同种类盐的水溶液的冰点值也不同。

这种现象引起了法国格勒诺布尔市的化学教授拉乌尔的注意。1878 年，在研究过水、苯、醋酸等多种溶液的情况后，他发现溶质的分子量和溶液的冰点有某种联系：1 个分子的物质溶解 100 个分子的溶剂，会使溶液的冰点降低 0.63 摄氏度。

拉乌尔还发现溶液的蒸气压力也比纯溶剂的蒸气压力要低，且降低值跟溶剂的分子量成比例。这种情况在稀溶液里尤为典型。这就是所谓的拉乌尔定律。

拉乌尔定律

原理：溶液内的溶质分子增大了溶液的熵，使得溶剂变得不容易挥发

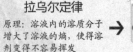

纯溶剂　溶液

把等量的纯溶剂和溶液密闭在玻璃罩内，前者上方蒸气压力大，后者上方蒸气压力小

经过一段时间后，罩内压力变得相等，部分纯溶剂挥发，其中有部分蒸气进入溶液，使得溶液的总量增加。

拉乌尔

这两个规律受到范霍夫和奥斯特瓦尔德的大力推崇，因为可以从某个角度证明他们推崇的电离学说的正确性，还促成了一种测定溶液中溶质分子量的新方法的发明。1887 年，当时还是奥斯特瓦尔德助手的德国化学家贝克曼，发明了能测量出温度的相对细微变化的贝克曼温度计，使得这种新方法如虎添翼，更加高效准确。

贝克曼

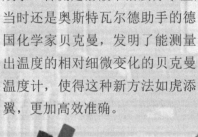

贝克曼温度计

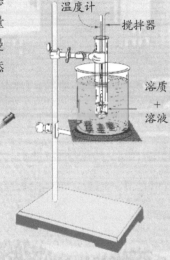

温度计

搅拌器

溶质
＋
溶液

测定溶液中溶质分子量的装置

阿累尼乌斯提出电离说

瑞典化学家阿累尼乌斯是个小神童。他在 3 岁时靠看哥哥的作业本自学算术和识字，6 岁就能帮他在大学上班的父亲算账。他的智力和精力过人，有时候会调皮捣蛋，而且不服输，上学后，甚至上大学后，还喜欢跟同学和老师辩论。

阿累尼乌斯　　　　　埃德伦德

读博士时，他的研究方向本来是光谱，可是他却废寝忘食地研究电，导师塔伦教授劝他不要不务正业，师生俩只好不欢而散。后来阿累尼乌斯又跟着研究电的埃德伦德教授继续学习。不过这回他又迷上了溶液！好在爱德伦德教授脾气好，不仅不生气，还给学生提了一些建议。

1884 年，在进行博士学位答辩时，阿累尼乌斯正式提出了电离学说：电解质溶于水能不同程度地离解成正负离子；离解程度决定于物质的本性以及它们在溶液中的浓度，溶液越稀电离度就越大。他的学说可以解释很多现象，其中包括范霍夫发现的溶液渗透压异常。

> 电解质是溶于水溶液下就能够导电（自身电离成阳离子与阴离子）的化合物，包括酸、碱、盐、活泼金属氧化物、水。

阿累尼乌斯毕业后一直在斯德哥尔摩大学当老师，其重要成就还包括第一个发现了温室效应。他曾被 3 次提名诺贝尔化学奖，可直到第 3 次才获得了诺贝尔化学奖（1903 年），他是第一个获得该奖的诺贝尔的瑞典老乡。

溶解的离子（氯化钠离子）　　　　　溶解的分子（糖分子）

电解质溶液　　　　　　　　非电解质溶液

水分子
氢离子
氢氧离子
氯离子
钠离子

溶化的氯化钠　　　　　　　氯化钠溶液

神奇的催化剂

第一个发现催化剂的人是贝齐里乌斯。有一天，贝齐里乌斯过生日，一些亲朋好友来为他庆生。把工作当成生命的贝齐里乌斯被太太从实验室硬拉回来时，连手都顾不上洗，就接过太太递过来的甜酒杯跟大家干杯。

贝齐里乌斯的太太
伊丽莎白

可是在喝第二杯酒时，他却皱起了眉头说："亲爱的，你怎么给我喝醋！"他把酒杯递给太太，太太喝了一口，立刻全吐了出来。甜酒确实变酸了，但奇怪的是，只有贝齐里乌斯杯子里的酒是酸的，其他人杯中的酒全都正常。事后，贝齐里乌斯发现，问题出在他手上从实验室带回来的黑色白金粉末。原来，白金粉末能加快酒精和空气中氧气反应的速度，在被抖落到酒杯中后，一转眼间就使酒精变成了醋酸。白金在这个反应中起到的作用就是催化作用。

1895 年，奥斯特瓦尔德在系统地研究了很多能起催化作用的物质后，给催化剂下了定义，将其分好几大类。他能在 1909 年得到诺贝尔化学奖，跟这些研究成果密不可分。后来，他发明了"奥斯特瓦尔德法"，这是一种借助催化剂用氨气制造硝酸的化学反应，使得大量制造农药和炸药成为可能。

奥斯特瓦尔德法

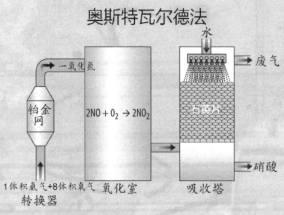

水
废气
一氧化氮
铂金网
$2NO + O_2 \rightarrow 2NO_2$
石英片
硝酸
1体积氨气+8体积氧气　氧化室
转换器　　　　吸收塔

催化剂的用处是很大的，80%～85%的化工生产需要用催化剂，人和动物身体里的很多化学反应也需要催化剂。

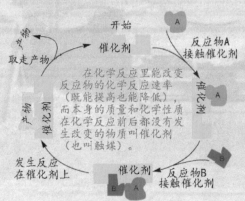

开始
催化剂
反应物A
接触催化剂
取走产物
在化学反应里能改变反应物的化学反应速率（既能提高也能降低），而本身的质量和化学性质在化学反应前后都没有发生改变的物质叫催化剂（也叫触媒）。
发生反应
在催化剂上
催化剂
反应物B
接触催化剂

格雷厄姆提出胶体理论

格雷厄姆

英国化学家格雷厄姆在做渗透实验时发现，粘东西的胶水，从动物骨骼、皮肤里熬炼出来的明胶（比如皮冻），还有淀粉等胶类物质不能透过半透膜。他给这类物质起名叫胶体，他创立了胶体化学。

胶体是由两种不同状态的物质组成的均匀混合物，一种是不能溶解的微小颗粒，另一种是让小颗粒悬浮在里面的连续物质。晶体可以形成真正的溶液，在渗透过程中通过半透膜，但是胶体就不行。这是因为胶体粒子的直径为1纳米～100纳米，而半透膜上的小孔半径小于1纳米。常见的胶体有：淀粉胶体、蛋白质胶体、豆浆、雾、墨水、涂料、有色玻璃、果冻、鸡蛋清、血液等。

粒子直径小于 10^{-7} 厘米	粒子直径在 10^{-7} 厘米和 10^{-5} 厘米之间	粒子直径大于 10^{-5} 厘米

10^{-7} 厘米　　　10^{-5} 厘米

真正的溶液　　　胶体　　　悬浮液

溶液和胶体

溶液
由至少两种物质组成的均一、稳定的混合物，如盐酸水溶液。

胶体
由两种不同状态的物质组成的均匀混合物，如雾、油漆、墨水。

异质的
混合物中的不同成分能通过物理方法分离，如油和水、沙和水、汽水。

混合物
由两种或多种物质混合而成的物质，如糖、面粉。

均一的
不管混合物数量多少，性质都保持不变。

溶质
被溶进液体的固体。
溶剂
溶解固体的溶液。
溶质+溶剂=溶液
糖+水=糖水

胶体粒子可以通过吸附离子而带有电荷，同种胶体粒子带有相同的电荷。在电场中同种胶体粒子会向某一极移动，发生电泳现象。这种现象是1809年由俄国科学家罗伊斯发现的。电泳现象可以用来在医学上分离蛋白质、病毒、细胞等物质，还能用于给汽车上油漆。

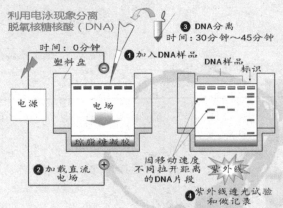

利用电泳现象分离脱氧核糖核酸（DNA）

时间：0分钟
塑料盘
电场
电源
琼脂糖凝胶
② 加载直流电场

③ DNA分离
时间：30分钟～45分钟
① 加入DNA样品
DNA样品
标识
因移动速度不同拉开距离的DNA片段
紫外线
④ 紫外线透光试验和做记录

布朗

1827年，英国植物学家布朗发现，水中的花粉和其他的悬浮小颗粒会不停地做无规则运动，这种运动被称为布朗运动。布朗运动是漂在液体表面的胶体粒子发生的运动，这是胶体粒子受到无规则乱动的液体分子冲撞的结果。

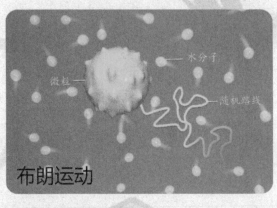

水分子

微粒

随机路线

布朗运动

丁达尔

当光线射入胶体时，可以看到胶体里出现了一条光亮的"通路"。这种现象叫作丁达尔效应，由法拉第的学生、英国科学家丁达尔在1869年发现。胶体粒子比溶液里的分子、离子大，所以反射出来的光线就强。溶液里几乎不会出现这种现象。当阳光照进暗室、密林、乌云笼罩下的天空或者当放映机的光线被射进电影厅时，都会出现丁达尔效应。

现代化学键理论的建立

20 世纪上半叶，在众多科学家的一起努力下，化学键理论已经基本成熟。化合价是一种元素的一个原子与其他元素的原子构成的化学键的数量。化学键是纯净物分子内或晶体内相邻两个或多个原子（或离子）间强烈的相互作用力的统称。相同或不相同的原子之所以能够组成稳定的分子，是因为原子之间存在着强烈的相互作用力。

由于原子核带正电，电子带负电，所以我们可以说，所有的化学键都是由两个或多个原子核对电子同时吸引的结果所形成的。根据电荷之间相互作用的方式和程度的不同，化学键的基本类型有 3 种：离子键、共价键、金属键。

离子键
（金属+非金属）

带相反电荷的离子之间的相互作用叫作离子键，成键的本质是阴阳离子间的静电作用。

金属键
（金属+金属）

由自由电子及排列成晶格状的金属离子之间的静电吸引力组合而成。

共价键
（非金属+非金属）

原子间通过共用电子对（电子云重叠）而形成的相互作用。形成重叠电子云的电子在所有成键的原子周围运动。

施陶丁格提出高分子化合物线链学说

施陶丁格和太太玛格塔在
诺贝尔奖颁奖典礼上

棉、麻、丝、木材、橡胶、淀粉等都是天然高分子化合物，从某种意义上来说，甚至连人本身也是一个复杂的高分子体系。根据格雷厄姆的胶体化学理论，所有高分子化合物都是由小分子用物理方法结合成的。1922年，德国化学家施陶丁格在对天然橡胶进行了加氢处理后，并没得到按胶体理论预言应该得到的小分子化合物，而得到的是加氢橡胶。

经过一番思考后，他提出了高分子化合物线链学说。当时的很多学术权威都对他的学说不以为然，但施陶丁格坚持自己的观点，不断地做实验，写更多的论文，跟大家辩论，最后终于把其他人都说服了。施陶丁格证明，高分子化合物是靠化学反应而不是用简单的物理方法结合成的。高分子化合物是由以碳原子为核心的众多结构相同的原子或原子团结合成的长链，分子量往往非常巨大。有些高分子长链之间又有短链相连，形成网状。

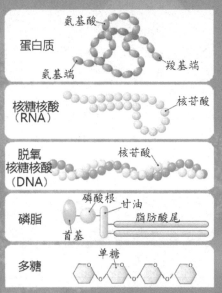

他的研究成果对于开发塑料、合成纤维、合成橡胶等人造高分子化合物具有重大意义。1953年，他获得了诺贝尔化学奖。

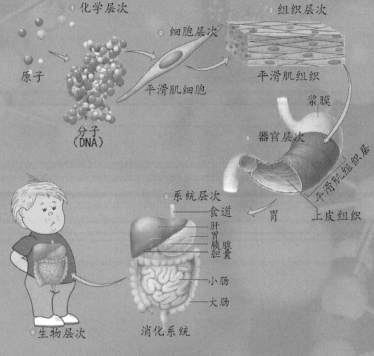

4 种主要的高分子化合物

脂类

定义：油、脂肪和类脂的统称

特点：油腻，不溶于水

例子：食用油、肥肉、蜡

蛋白质

定义：由氨基酸组成的生命物质

特点：组成细胞等组织

例子：包含在瘦肉、蛋类、鱼类和豆类中

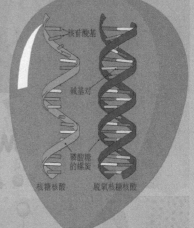

碳水化合物

定义：为生物提供能量的糖类和纤维素

特点：由碳、氢、氧 3 种元素组成

例子：面粉、水果、蔬菜、牛奶中都含有碳水化合物

核酸

定义：由核苷酸组成的生命物质

特点：脱氧核糖核酸（DNA）传递生物遗传信息，核糖核酸（RNA）控制蛋白质的合成

例子：分为 DNA 和 RNA

用途广泛的塑料

1856 年，英国人帕克斯发明了世界上第一种塑料帕克辛，可惜帕克斯不知道怎么用这东西挣钱。当时有钱人都喜欢打台球，但当时的台球是用象牙做的，可象牙又贵得出奇。有一个台球厂老板就悬赏一万美元寻求象牙的替代材料。美国人海厄特反复试验，用帕克辛做出了质量合乎要求的台球。尽管他并没得到那一万美元，但他也不在乎了，他干脆自己开了一个台球厂。海厄特把帕克辛改叫赛璐珞，意思是假象牙。它还可以用来做电影胶片、假肢、假牙等。它的缺点是有一点儿危险，因为它和火药棉的成分接近，有时会突然爆炸或者着火。

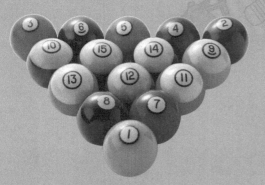

赛璐珞台球

赛璐珞电影胶片

1897 年，奥地利化学家斯皮特勒发明了用酸奶和甲醛化合而成的酪素塑料。这种塑料抗拉、抗压性能好，可以用来做纽扣、烟嘴、伞柄、自来水笔零件、毛刷柄、假宝石和编织用针等物。

用酪素塑料做的假珠宝

用酪素塑料做的纽扣

1907 年，美国化学家贝克兰发明了用苯酚和甲醛化合而成的酚醛塑料。这种塑料俗称电木，因为抗热、绝缘性能好，可以用来做开关、灯头、耳机壳、电话机壳等电的绝缘器件，以及家具零件、手工艺品等物。

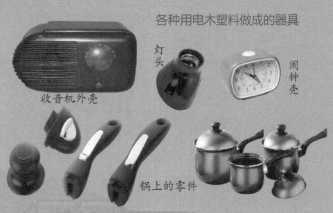

各种用电木塑料做成的器具

收音机外壳

灯头

闹钟壳

锅上的零件

1926 年，美国人沃尔多·西蒙在其他科学家研究成果的基础上发明了一种制造聚氯乙烯（PVC）的新方法。聚氯乙烯很容易塑造成型，可以用做建筑材料、工业制品、日用品、地板革、地板砖、人造革、管材、电线电缆、包装膜、瓶、发泡材料、密封材料、纤维等。聚氯乙烯本身是无毒的，但是在跟其他一些物体接触时有时会产生对人有害的物质。在生产、回收、销毁聚氯乙烯的过程中，会产生致癌的二噁英。

PVC 塑料制成的胶带、绳索、小球等

第一次世界大战后，更多新型塑料像雨后春笋一般冒了出来，代替了传统的天然材料。比如可以做不粘锅涂层的聚四氟乙烯塑料，有些塑料还能用于制造电池、油漆、黏合剂等物。

PVC 塑料人物模型

贝克兰

帕克斯

沃尔多

海厄特

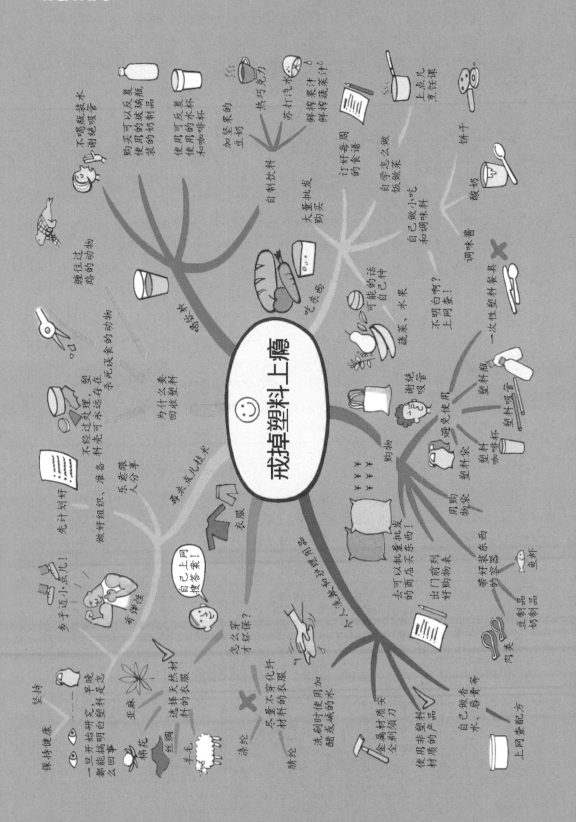

石油的开发和利用

　　制造塑料的原料一开始挺混乱的，后来慢慢地变成以石油为主。石油是各种碳氢化合物的混合物，里面包含很多天然高分子化合物。关于石油的成因，一般认为是古代生物因地质变迁被埋在地下，经过漫长的时间变化形成的。但据一些科学家的估算，就算把地球上有史以来出现过的所有生物都变成石油，也没有地球上现有石油储量多。还有科学家认为，石油是地球内部的碳自然变化形成的，说白了其本质就是一种普通的矿石。

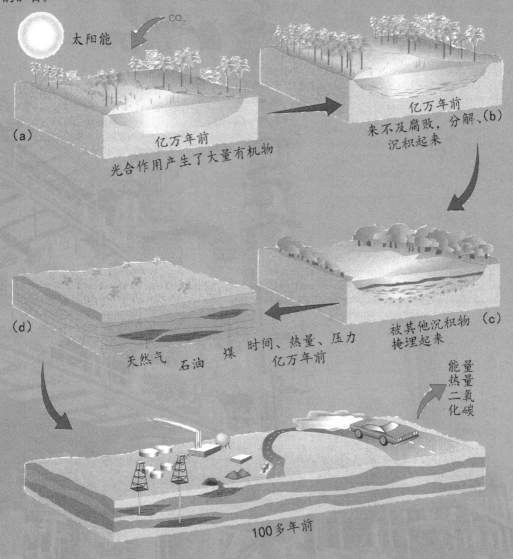

太阳能　CO$_2$

（a）　亿万年前
光合作用产生了大量有机物

亿万年前
来不及腐败、分解、（b）
沉积起来

被其他沉积物（c）
掩埋起来

（d）
天然气　石油　煤　时间、热量、压力
亿万年前

能量
热量
二氧化碳

100多年前

人类从公元前1000多年前就开始利用石油了。很多古代民族曾把石油用于建筑、防水、黏结、制药、燃料等用途。古希腊人用石油做成"希腊火"，在作战时用弓箭或别的东西发射出去，杀伤力很大。在中国，有关石油的最早记录见于东汉班固的《汉书》。不过一开始，在汉语里"石油"有好几种名字，现在的名字是宋朝科学家沈括起的。

詹姆斯·杨

进入近代，1847年，英国化学家詹姆斯·杨发明了用蒸馏法从石油里提炼煤油的方法。从那以后，石油开始越来越吸引人们的眼球，以石油为原料制造出来的东西也越来越多。实际上，我们身边有很多东西都是从本来黑糊糊的石油中提炼出来的。

古希腊人使用"希腊火"作战

《天工开物》中
古代中国人开采石油的场面

海上石油钻井平台

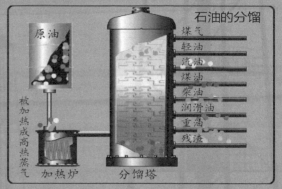

石油的分馏

日常生活和石油——我们身边的很多东西是用石油产品制造的。

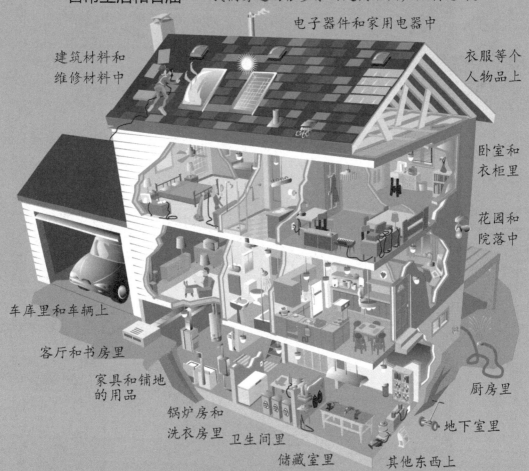

电子器件和家用电器中

建筑材料和
维修材料中

衣服等个
人物品上

卧室和
衣柜里

花园和
院落中

车库里和车辆上

客厅和书房里

家具和铺地
的用品

锅炉房和
洗衣房里

卫生间里

储藏室里

厨房里

地下室里

其他东西上

为打仗发明出来的合成橡胶

割橡胶

天然橡胶是一种天然高分子化合物，是橡胶树上流出的胶乳经凝固、干燥后得到的产物。南美洲的古代印第安人在很久以前就已经学会开采和利用橡胶。印第安武士很喜欢几个人凑在一起，踢用天然橡胶

橡胶树的枝叶

做的圆球——一种敌人脑袋的替代物。据说现代足球就是从这种游戏发展来的。

墨西哥古代玛雅人足球场

1736年，法国的欧文爵士第一次把橡胶样品带到了欧洲。1770年，英国化学家普里斯特利发现橡胶能擦

普里斯特利

掉纸上的铅笔字，于是给橡胶起了个英文名"rubber"，结果这一名字一直沿用到现在。现代工业文明发展起来后，橡胶成了制造飞机、军舰、车辆、水利机械、医疗器械等所必需的材料，

球场鸟瞰图

踢球玛雅人像

球门

一下子变得物以稀为贵起来。种植橡胶树成了有利可图的大生意。

在两次世界大战期间，由于各国纷纷扩充军备，橡胶的价格越来越贵，科学家们开始研究天然橡胶的替代品。1931年，美国杜邦公司的科学家卡罗瑟斯发明了第一种有实用价值的合成橡胶——氯丁橡胶。到现在，合成橡胶已经发展成有多个种类的大家族。

卡罗瑟斯

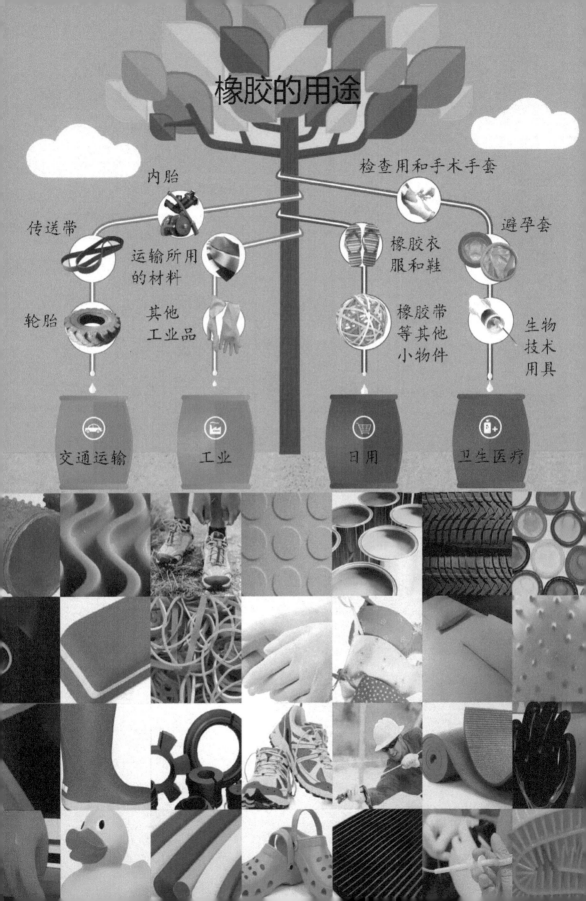

合成纤维把人们打扮得更漂亮

1938 年，发明合成橡胶的卡罗瑟斯研制出了第一种有实用价值的合成纤维，把它命名为尼龙，它又叫锦纶、耐纶。尼龙纤维耐高温，不会被一般的熨斗、烙铁烫坏，具有丝的外观和光泽，在结构和性质上也接近天然丝，其耐磨性和强度却超过当时任何一种纤维。

用尼龙纤维织的丝袜透明而有弹性，让女士的腿形显得特别漂亮苗条，而且还比普通丝袜耐穿。1939 年 10 月 24 日，杜邦公司在总部所在地第一次开卖尼龙丝袜时引起了轰动，哄抢的程度就像后来人们抢购新款苹果手机。当时有些女性因为买不到尼龙丝袜，为了赶时髦，甚至用笔在腿上画出尼龙丝袜的纹路。

第二次世界大战时，输入美国的亚洲蚕丝大量减少，尼龙被杜邦公司用来替代蚕丝制造军用品，结果用尼龙的地方越来越多。后来，降落伞、衣服、帐篷、地毯、布帘、轮胎、渔网、鱼线、绳索、琴弦、水管、热气球、牙刷毛、轮胎、螺丝、齿轮等很多东西都可以用尼龙来制造了。

第二次世界大战后旧金山第一次销售尼龙丝袜时的惊人场面

第二次世界大战时美国女性捐献旧丝袜用于军用

合成纤维是用合成高分子化合物做原料而制得的化学纤维的统称。就成分来说，合成纤维和塑料都是人造的高分子化合物，只不过一种是做成细线，另一种是做成板、块。比如尼龙纤维和聚酰胺塑料、丙纶纤维和聚丙烯塑料的成分都是一样的。

尼龙被发明出来后，科学家们又发明了很多种合成纤维，如丙纶、涤纶、锦纶、腈纶、氯纶、维尼纶等。早先，人们为了种植棉、麻，养蚕，牧羊，要占用大量土地，消耗许多人力和物力。合成纤维的发明改变了纺织原料完全依赖农牧业的情况。

天然纤维

合成纤维

天然纤维原料
植物类：棉花
动物类：
羊毛、丝绸
矿物类：
石棉

其实就是塑料，例如涤纶、氨纶。
特点：经久耐用，特别结实。

优点

可以穿很长时间。

缺点

容易磨损，抗皱性差。

优点

弹性好，不容易拉坏。

缺点

有时会让人过敏，易产生静电，有的会让人皮肤发痒。

酸

关于酸和

阿累尼乌斯：酸在水溶液中解离出氢离子。

布忍斯特和劳里：凡是能给出质子（H⁺）的物质都是酸。

布忍斯特

阿累尼乌斯

路易斯：接收电子的是酸。

强酸与弱酸
强酸能完全离解，产生大量离子。弱酸在稀水溶液里部分离解。

强酸：盐酸、硝酸、硫酸

酸的物理特性
1. 味道酸；
2. 溶于水时会离解成离子；
3. pH值小于7。

酸雨是工厂释放出的二氧化硫和氮氧化物形成的。

弱酸：醋酸、碳酸、氢氟酸

酸的化学特性

1. 导电性能好；
2. 能跟金属反应；
3. 能让石蕊变红。

减少车辆的使用可以减少酸雨。

碱的争论

路易斯

劳里

8 9 10 11 12 13 14

阿累尼乌斯：碱在水溶液中解离出氢氧根离子。

布忍斯特和劳里：凡能接收质子的物质都是碱。

酸碱反应

酸和碱反应得到盐，这种反应被叫作中和反应。

区分酸碱：

可以用测量pH值的方法区分酸碱：pH值大于7的是碱，小于7的是酸，等于7的是中性物质。

路易斯：给电子的是碱。

案例：
NaOH+HCI=
NaCI+H₂O

$NaOH+HCl=NaCl+H_2O$

强碱：

氢氧化钠、氢氧化钾、氢氧化锂。

弱碱：

氨、苯胺、乙胺。

碱的物理特性：
1. pH值大于7；
2. 摸着滑溜；
3. 有苦味。

酸雨落到森林里，对森林的影响：不会伤害到树干、树枝，但会伤害树叶。

碱的化学特性：

能让石蕊变蓝。

潜力无限的基因工程

沃生　　　　　　克里克

尼伦贝格　　　　保罗·伯格

基因由生物细胞核内的脱氧核糖核酸（DNA）片段组成，变幻莫测的基因排序决定了生物的遗传特性。1953年，美国科学家沃生和英国物理学家克里克发现了DNA分子的双螺旋结构。这一成果后来被誉为20世纪以来生物学方面最伟大的发现。

1961年，美国生物化学家尼伦贝格第一个破解了DNA中携带的"遗传密码"。到1969年，科学家们最终破解了DNA控制蛋白质合成的全部密码，人类在认识生命奥秘的征程上迈出了重要的一步。

1972年，美国科学家保罗·伯格首次成功地重组了DNA分子，标志着DNA重组技术——基因工程——成为现代生物技术和生命科学的基础与核心。DNA重组技术最大的应用领域在医药方面。

根据DNA可以断定两代人之间的亲缘关系，因为孩子分别从父亲和母亲身上接受各一半的基因。

克隆是利用生物技术由无性生殖产生与原个体有完全相同基因组织后代的过程。1996年7月5日，英国科学家伊恩·维尔穆特领导的科研小组利用克隆技术培育出一只小母羊多莉。这是世界上第一只用已经分化的成熟的体细胞（乳腺细胞）克隆出的羊。

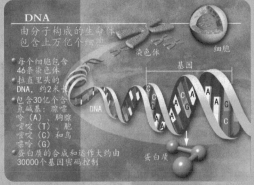

DNA
由分子构成的生命体包含上万亿个细胞
每个细胞包含46条染色体
拉直里头的DNA，约2米长
包含30亿个含氮碱基：腺嘌呤（A）、胸腺嘧啶（T）、胞嘧啶（C）和鸟嘌呤（G）
蛋白质的合成和运作大约由30000个基因密码控制
染色体　细胞　基因　蛋白质

伊恩·维尔穆特

多莉

伦琴发现 X 射线

克鲁克斯

克鲁克斯阴极射线管

阴极射线管是一种能在外加电场作用下从阴极发出射线的管子，是英国科学家克鲁克斯在 1875 年发现的。那种有"大屁股"的电视显像管就是一种阴极射线管。1895 年 11 月 8 日，德国物理学家伦琴正在维尔茨堡大学的实验室里研究阴极射线时，注意到阴极射线管旁边的荧光屏发出了蓝白色的光。是阴极射线投射在荧光屏上的结果吗？伦琴把阴极射线管严严实实地裹好，但荧光屏上面还是有亮光。伦琴又尝试用铝板、铅板隔开阴极射线管和荧光屏，发现铅板可以让荧光屏变暗。当他把手放在阴极射线管和荧光屏中间时，荧光屏上竟然出现了模模糊糊的手骨影像。

伦琴

伦琴的太太安娜

经过连续 6 个星期的研究，伦琴确定荧光屏发光是由阴极射线管中发出的某种射线造成的。因为当时对于这种射线的本质和属性还了解得很少，他就把这种光线叫作 X 射线，意思是不知道是什么东西。X 射线是人类发现的第一种"穿透性射线"，实际是一种波长极短的光，能穿透很多普通光线不能穿透的材料。

X 射线发明后，很快就被用来帮医生看病。发现 X 射线是一个物理学事件，但对化学的推动作用也是很大的。2003 年，为了纪念伦琴，人们把第 111 号元素命名为"轮"。

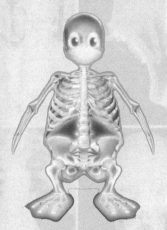

人类有史以来的第一张 X 光照片，从中可以看到伦琴的太太安娜的手骨、手上戴着的结婚戒指，还有伦琴用钢笔写的"1895，12，22"的字样

贝可勒尔发现天然放射性

贝可勒尔

庞加莱

1896 年年初，X 射线的发现吸引了科学家们的关注。法国自然历史博物馆的科学家贝可勒尔也听说了这个事情，就跟和伦琴有书信往来的另一个法国科学家庞加莱打听到底是怎么回事情。庞加莱把知道的情况告诉了贝可勒尔，还说自己觉得 X 射线和荧光的产生原理可能是一样的。

庞加莱这么说是因为贝可勒尔恰好是研究荧光的高手。贝可勒尔回到实验室，找来一堆能发出荧光的物质挨个做实验，看它们中有哪个能发出具有穿透性的 X 射线。最后发现铀盐发出的某种东西能使黑纸包里的照相底片产生黑影。经过进一步的研究，贝可勒尔发现铀盐发出的能使底片感光的东西并不是 X 射线，当然也不是荧光，而是某种由铀元素发出的射线。他把这种射线叫作铀射线。

贝可勒尔在实验室

铀矿石

因为发现天然物质的放射性，贝可勒尔和居里夫妇一起分享了 1903 年的诺贝尔物理学奖。

居里夫妇发现钋和镭

青少年时期的居里夫人

居里夫人本名叫玛丽，出生于波兰华沙。小时候，她家里很穷。她的父母是失业的老师，靠向学校学生卖饭赚钱。小玛丽很小就得帮父母做饭，每天都要做很多杂事。但是她学习成绩很棒，获得过中学生优秀奖章。中学毕业后，玛丽当

居里夫人和丈夫皮埃尔·居里

了一段时间的家庭教师。可是她不甘心走这样的人生道路，她想办法进了巴黎大学，毕业时成绩名列全班第一。

居里夫妇和他们的女儿

1895 年玛丽和同事法国物理学家皮埃尔·居里相爱结合，成了居里夫人。从 1896 年开始，居里夫妇一块儿研究起了放射性。他们发现沥青铀矿的放射性要比铀的放射性强很多，估计里面肯定有别的放射性元素。经过一番辛苦研究，最终在 1898 年他们先后发现了钋和镭。

居里夫妇的大半生都过得十分清苦，但是他们没有为自己的任何发现申请专利，为的是让每个人都能自由地利用他们的发现。诺贝尔奖金和其他一

居里夫妇在实验室

些他们一起或单独得到的奖金也都被他们用到了研究中。他们的研究成果中最著名的应用之一就是癌症的放射性治疗。

在诺贝尔奖颁奖仪式上

居里夫人的个人生活并非一帆风顺。1906 年，皮埃尔不幸被马车撞死。

但居里夫人在悲痛中继续研究镭在化学和医学上的用处，1910 年还与化学家德比恩一起分离出纯净的金属镭，并因此在 1911 年第二次获得了诺贝尔化学奖。提炼镭的工作是很辛苦的，居里夫人要穿着绊手绊脚的长裙子，拿着木棒子搅大铁桶里的沥青，看上去不像科学家，倒像个建筑工人。

第一次世界大战时，居里夫人还开着有 X 射线设备的救护车上了前线，亲自救护伤员，给战场上的医生和护理人员上课。由

居里夫人和他的两个女儿:
伊雷娜（左）和艾琳娜（右）

于长期受到辐射，她患上了白血病，身体逐渐转差，最后于 1934 年 7 月 4 日去世。

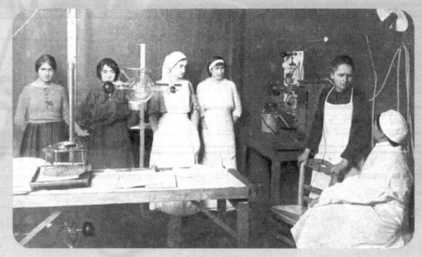

在战地医院

卢瑟福发现放射性元素衰变

卢瑟福

新西兰的卢瑟福纪念像

卢瑟福是一位出生于新西兰的英国科学家。他小时候家里很穷，但是他特别聪明，12 岁就能看懂大学教授写的《物理学入门》，并且还能给出评语。

卢瑟福自己的研究能力很强，而且是个好领导，他是剑桥大学卡文迪许实验室的负责人。他的学生管他叫"鳄鱼"，因为他认准了的事儿就一定要办成。他本人获得了 1908 年诺贝尔化学奖，而他的多个学生和助手也获得了诺贝尔奖。另外，金属钌（Ru）就是用卢瑟福的名字命名的。

贝可勒尔发现天然放射性现象后不久，卢瑟福发现了铀放射性辐射的不同成分 α 射线和 β 射线。1899 年到 1902 年间，卢瑟福在青年化学家索迪的帮助下，对镭射气、氢氧化钍等的放射性进行了研究。

1902 年秋天，在这些研究的基础上，他们提出了放射性元素衰变理论：放射性元素是不稳定的，能自发地放出射线和能量，蜕变成另一种放射性原子，直到成为一种稳定的原子为止。元素蜕变的理论打破了古希腊以来原子永恒不变的传统观念，确认一种元素的原子按照一定的规律可以变成另一种元素的原子。

卢瑟福和助手盖革

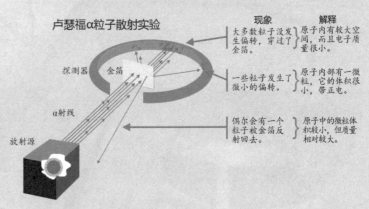

卢瑟福α粒子散射实验

探测器　金箔

α射线

放射源

现象	解释
大多数粒子没发生偏转，穿过了金箔。	原子内有较大空间，而且电子质量很小。
一些粒子发生了微小的偏转。	原子内部有一微粒，它的体积很小，带正电。
偶尔会有一个粒子被金箔反射回去。	原子中的微粒体积较小，但质量相对较大。

索迪提出同位素假说

到了 1907 年，被科学家们分离出来并加以研究的放射性元素已达 30 多种。新发现了这么多的放射性元素，旧的周期表已经没有足够的地方容纳它们。同时科学家们还发现有些具有不同放射性的元素，其化学性质却完全相同。

索迪

根据这些事实，索迪在 1910 年提出了同位素假说：一种化学元素可以有几种具有不同原子量和放射性的"变体"，但它们的化学性质完全相同，在元素周期表上应该处于同一位置。索迪把它们命名为"同位素"。

同位素是同一元素的不同原子，其原子具有相同数目的质子，但中子数目却不同。在自然界中天然存在的同位素称为天然同位素，人工合成的同位素称为人造同位素。如果该同位素有放射性的话，会被称为放射性同位素。用核粒子，如质子、α 粒子或中子，轰击稳定的原子核，可以产生人造同位素。

1913 年，索迪和德国的法扬斯等科学家一起把当时已发现的 43 种天然放射性元素归为 3 个放射系列：铀系、钍系和锕系，给众多新发现的放射性元素安好了家。

碳的同位素

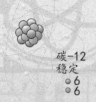

碳-12
稳定
电子 ◉6
质子 ◉6
中子 ◉6

碳-13
稳定
◉6
◉7

碳-14
放射性
◉6
◉8

氢的同位素

法扬斯

氕
（通常所说的氢）
$_1^1H$
电子

氘
（重氢）
$_1^2H$
电子

氚
（超重氢）
$_1^3H$
电子

◉质子　○中子

汤姆孙发现电子

阴极射线管在伦琴发现 X 射线的过程中起了不小的作用，但大家其实一直不知道阴极射线到底是什么东西，有的科学家说是分子流，有的科学家说是电磁波。

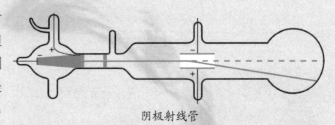

阴极射线管

1897 年，英国卡文迪许实验室的汤姆孙教授对阴极射线进行了细致的研究，他发现阴极射线会在电场和磁场中偏转，得出了阴极射线是带负电的粒子流的结论。他还测了这种组成阴极射线的微粒的质量和电荷，给这种微粒起了个名字——"电子"。在汤姆孙之前，大家都以为原子是不可再分的最

汤姆孙

小微粒，从这个时候开始，大家就知道事情不是那么简单的了。

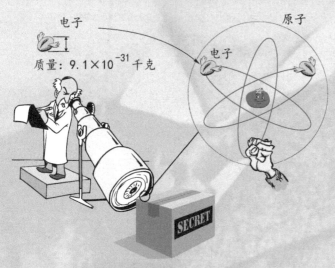

汤姆孙的发现使人类认识了第一种基本粒子，这在科学史上是有划时代意义的。电子是第一种被发现的微观粒子，电子的发现对人们搞清楚原子的结构起了很大的作用，因为电子是构成物质的最基本单位。由于发现了电子，汤姆孙被称为"一位最先打开通向基本粒子物理学大门的伟人"。1906 年，他获得了诺贝尔物理学奖。

卢瑟福发现质子

1886 年，德国的物理学家戈德斯坦在研究阴极射线时发现了一种"奇怪的射线"，这种射线来自阳极，它和阴极射线的方向相反。如果在阴极上开个小孔，那么这种射线还会穿透出来。后来这种射线在 1907 年被汤姆孙起名为"阳极射线"。进一步的研究表明：它在磁场中能发生偏转（说明它带有电荷），并且是粒子流；它的电荷和质量正好等于氢的正离子，即和氢原子核相同。1914 年卢瑟福综合了实验事实后，提出了这种粒子就是氢原子核，应该叫"质子"。

戈德斯坦

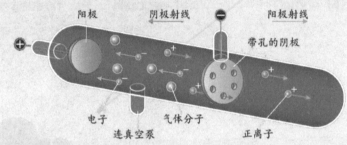

1917 年，卢瑟福设计了一个装置观测 α 粒子轰击空气。1919 年，他最终证明：α 粒子轰击空气，会使空气里的氮原子发生衰变，放出氢原子核即质子。卢瑟福进行的实验是人类所进行的第一次改变化学元素的人工核反应。古代炼金术士转化元素的梦想终于变成了现实！

卢瑟福画像

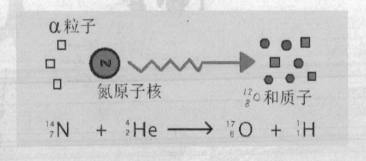

$$^{14}_{7}N + ^{4}_{2}He \longrightarrow ^{17}_{8}O + ^{1}_{1}H$$

大气中氮的衰变

约里奥-居里夫妇发现人工放射性

伊雷娜

约里奥-居里是法国物理学家居里夫人的女婿。他和妻子伊雷娜·居里一起研究原子。1934年，他们用钋产生的α粒子轰击铝，产生出中子和正电子，生成放射性磷，首次获得人工放射性物质。他们用同样的方法又制成多种其他放射性物质，并发现放射性同位素在医学和生物学上的广泛用途，因此获得1935年诺贝尔化学奖。

约里奥-居里

1939年，他们与另外两位科学家一起发现用中子使铀-235裂变时，还伴随产生两三个中子，证实了在适当条件下，核裂变的链式反应是有可能发生的。

1948年，在约里奥-居里夫妇领导下，法国人建立了自己的第一个原子反应堆。

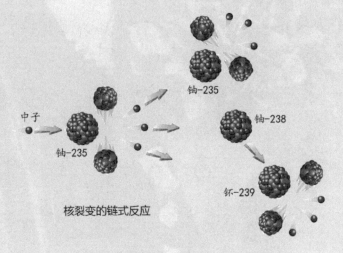

中子　铀-235　铀-235　铀-238　钚-239

核裂变的链式反应

约里奥-居里夫妇在实验室

查德威克发现中子

早在 1920 年，在一个讲座上，卢瑟福就曾预言可能存在质量和质子相仿的中性粒子。1931 年，约里奥－居里夫妇公布了他们关于石蜡在"铍射线"照射下产生大量质子的新发现。他们研究到这里，离发现中子已经不远了，可惜的是他们一时没明白实验到底是什么意思，结果与诺贝尔奖擦肩而过。他们后来提及："如果当年读过并能领会 1920 年卢瑟福的演讲记录，肯定会对这个实验的意义有正确的理解。"

约里奥－居里夫妇

约里奥－居里夫妇的研究结果很快就被传到了卢瑟福实验室。卢瑟福的年轻学生、英国的物理学家查德威克意识到，这种射线很可能就是传说中的中性粒子组成的！

查德威克立刻着手研究约里奥－居里夫妇做过的实验，用云室测定这种粒子的质量，结果发现，这种粒子的质量和质子一样，而且不带电荷。他把这种粒子叫作"中子"。后来，查德威克因发现中子获得了 1935 年诺贝尔物理学奖。

青少年时代的查德威克

查德威克

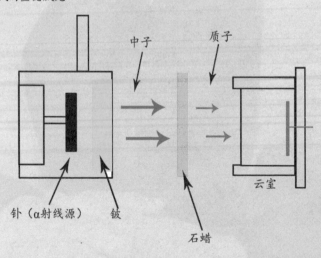

钋（α射线源）　铍　　石蜡　　云室　　查德威克的实验

普朗克创建量子力学

黑体是科学家假设的一种能完全吸收射入的电磁辐射的物体。1900 年，为了解释黑体辐射现象，德国科学家普朗克引入了量子的概念。在他看来电磁波只能以量子的形式存在。

量子在物理学里，是指最小的不可分割的基本个体。例如，光的量子是光子，是光的单位。量子力学则是研究微观粒子（如原子、分子、原子核和其他微观粒子）的运动规律的物理学分支学科，跟相对论一起构成了现代物理学的理论基础。

普朗克引入量子的概念，使得人类对物质的认识发生了翻天覆地的改变。沿着普朗克的思路，很多科学家开始研究量子力学，把量子力学变成了一门非常庞大复杂而且应用广泛的学问。

普朗克

爱因斯坦

玻尔

泡利

薛定谔

玻恩

德布罗

狄拉克

海森堡

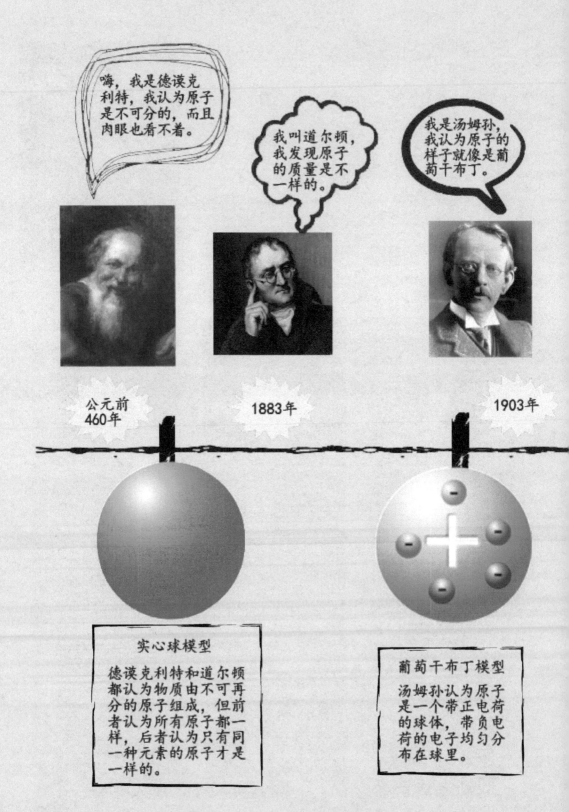

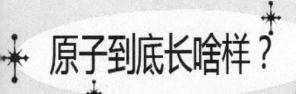

原子到底长啥样？

我叫卢瑟福，我发现原子其实有一个核。

我叫玻尔，我认为电子带的能量不一样，飞行轨道就不一样。

1911年

1913年

20世纪30年代以后

行星模型
卢瑟福认为原子内部的大部分空间是空的，电子沿一定轨道围着一个带正电荷的原子核运转。

量子模型
电子不停地乱飞，没有固定运行轨道。跑得太快了，总体上看去就好像云彩。要是"云彩"厚实，里面的电子比较好观察；要是"云彩"稀薄，就不容易观察得到。

原子能时代

如果原子核是可分的，那原子核被击破之后会怎样呢？经过一系列实验和计算，科学家发现，铀原子核被中子轰击后会发生裂变反应，即分裂成几个比较小的原子核，并释放出一定数量的中子和能量。而且，铀原子核释放出的中子会攻击其他的原子，继续引发其他原子的核裂变反应，同时放出巨大的能量！

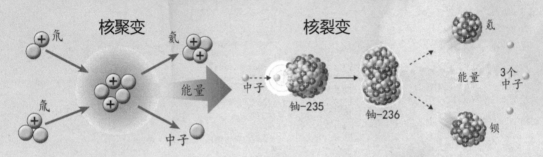

根据这一原理，1942年，由费米领导的科学家小组在芝加哥大学的网球场建立了世界上第一个原子能反应堆。这个反应堆在当年12月2日成功运转，标志着人类进入了原子能时代。

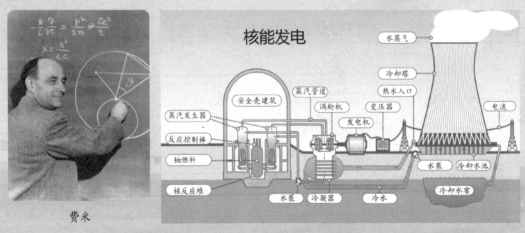

费米

中国第一座核电站是2003年建成的、位于浙江省海盐县的秦山核电站。

秦山核电站

领导建造世界上第一颗
原子弹的美国科学家
奥本海默

1932 年，包括爱因斯坦在内的一大批欧洲科学家因受到纳粹德国的迫害，来到了美国。当他们听说德国在研究制造原子弹时，被吓坏了。他们赶紧推选爱因斯坦为代表，向美国总统罗斯福建议

原子弹爆炸的惊人场面

研制原子弹。不过纳粹德国由于没有特别重视原子弹，并没有造出原子弹来，而且没等到美国的原子弹造出来就被打败了。

1945 年 8 月间，美军先后向日本广岛、长崎各投放了一颗原子弹。一瞬间，两个城市被炸成废墟，11 万多人被炸死。日本宣布无条件投降。

被原子弹轰炸后的广岛市区一角

轰炸广岛的原子弹"小男孩"

建造第一颗中国原子弹的
主要领导者邓稼先

在 1964 年 10 月 16 日中国的第一颗原子弹成功爆炸。

宇宙的起源——大爆炸理论

1927 年，比利时天主教神父勒梅特首次提出了宇宙大爆炸假说。

1929 年，美国天文学家哈勃获得了一个具有里程碑意义的发现，即不管你往哪个方向看，远处的星系都正急速地远离我们而去。也就是说，宇宙正在不断膨胀。

哈勃纪念邮票

哈勃望远镜

伽莫夫

哈勃望远镜拍摄到的星云

1946 年，美国物理学家伽莫夫正式提出大爆炸理论，认为宇宙由大约 140 亿年前发生的一次大爆炸形成。大爆炸理论认为宇宙曾有一段从热到冷的演化史。在这个时期里，宇宙体系在不断地膨胀，使物质密度从密到稀地演化，如同一次规模巨大的爆炸。

爆炸之初，物质只能以中子、质子、电子、光子和中微子等基本粒子形态存在。宇宙爆炸之后不断膨胀，导致物质的温度很快下降，密度减小。随着温度的降低、冷却，逐步形成原子、原子核、分子，并复合成为通常的气体。气体逐渐凝聚成星云，星云进一步形成各种各样的恒星和星系，最终形成我们如今所看到的宇宙。

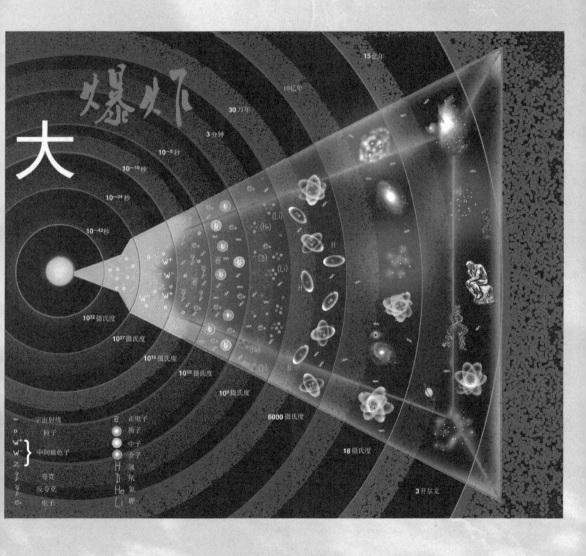

讲到这里，朋友们，元素的有趣故事就要告一段落了。

不过，我们人类探索物质世界奥秘的旅程是永远不会结束的。

为了揭开更多奥秘，获得更多的发现和发明，把我们的生活变得更美好，大家一起努力学习吧！